Global Patent Innovation Activities Research Report

全球专利创新活动研究报告

2014

国家知识产权局专利局专利文献部
中国专利技术开发公司
组织编写

Patent information

Technology innovation

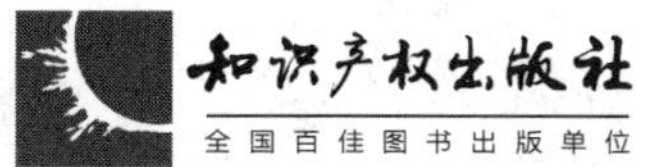

图书在版编目（CIP）数据

全球专利创新活动研究报告.2014/国家知识产权局专利局专利文献部，中国专利技术开发公司组织编写.—北京：知识产权出版社，2015.6

ISBN 978-7-5130-3566-8

Ⅰ.①全… Ⅱ.①国… ②中… Ⅲ.①专利—研究报告—世界—2014 Ⅳ.①G306.71

中国版本图书馆 CIP 数据核字（2015）第 130636 号

责任编辑：段红梅　刘　爽　　**责任校对**：孙婷婷

执行编辑：高　鹏　　**责任出版**：卢运霞

封面设计：智兴设计室·索晓青

全球专利创新活动研究报告2014

国家知识产权局专利局专利文献部
中国专利技术开发公司
组织编写

出版发行：知识产权出版社有限责任公司　　网　　址：http：//www.ipph.cn

社　　址：北京市海淀区马甸南村 1 号（邮编：100088）　　天猫旗舰店：http://zscqcbs.tmall.com

责编电话：010-82000860 转 8119　　责 编 邮 箱：duanhongmei@cnipr.com

发行电话：010-82000860 转 8101/8102　　发 行 传 真：010-82000893/82005070/82000270

印　　刷：保定市中画美凯印刷有限公司　　经　　销：各大网上书店、新华书店及相关专业书店

开　　本：787mm × 1092mm　1/16　　印　　张：13

版　　次：2015 年 6 月第 1 版　　印　　次：2015 年 6 月第 1 次印刷

字　　数：265 千字　　定　　价：50.00 元

ISBN 978-7-5130-3566-8

编　委　会

序 言

当今世界，经济全球化进程加快，经济竞争日趋激烈，在全球化的知识经济环境下，各主要国家都日益重视把发展模式从要素驱动转向创新驱动，技术创新在竞争中的地位日益凸显，专利制度在激励创新、提高经济发展质量中的作用不断加强，而专利文献披露了全球90%以上的技术创新成果，因此，对全球专利信息反映的创新活动进行研究是非常必要的。

这份报告以全球主要科技发达国家公开的专利文献为基础，通过大数据的信息化手段进行研究分析，形成了一系列翔实的统计图表数据，全面展现了重要经济体的技术创新活动。从一般的宏观数据分析扩展到每篇专利文献的申请人、发明人等微观角度，从全面的世界知识产权组织（WIPO）35个技术领域到我国近年重点发展的战略性新兴产业领域，从全球主要科技发达国家到我国各省市、再到创新主体等多个维度对专利信息进行计量分析，通过相对专业化指数等十多项指标，系统地展示了全球主要发达国家及中国的专利创新活动状态，揭示了全球主要国家和我国的技术创新方向、专利权布局、专利创新与竞争能力等方面的现状及发展趋势。为了进一步反映微观领域的创新活动，课题组在全球层面，揭示了WIPO35个技术领域的全球主要竞争者以及这些竞争主体的技术创新战略、专利技术态势及技术创新布局等特点。在中国层面，进一步揭示了七大战略性新兴产业的产业专利技术现状、在华主要国家专利布局、主要竞争者以及这些竞争主体的技术创新态势及技术创新布局等特点。

作为国内开拓性的研究项目，本报告为后续进一步深入研究全球专利技术创新活动奠定了基础，相信能够为政策制定者、产业协会、知识产权部门和相关研究者提供重要的技术、经济及贸易信息参考。

2015年6月

前言

本书是根据国家知识产权局《基于专利信息全球技术创新活动研究》课题报告编撰而成，共分三篇。第一篇，以全球视野研究全球专利创新活动，主要研究2006~2013年世界知识产权组织（WIPO）公布的35个技术领域（简称WIPO35技术领域）的专利创新活动，重点反映2010~2013年九个主要专利来源国的技术创新状况和各技术领域的主要竞争者。第二篇，着眼于国内，研究我国专利创新活动，主要研究2006~2013年WIPO35技术领域、七大战略性新兴产业的专利创新活动，重点反映2010~2013年各国在华专利布局情况、国内各省市的技术创新状况，以及各技术领域和产业的主要竞争者。第三篇，通过对比国内外专利创新活动研究结果，在专利创新方向与趋势、专利创新能力、主要竞争者及产业发展风险等方面得出研究结论，并据此提出我国产业发展规划及专利信息工作的相关建议。

本书力图以翔实而全面的数据、科学的分析方法进行大视野深度分析研究。研究过程中借助了中国专利技术开发公司自主研发的专利信息分析系统，同时课题组专门针对巨量专利数据的清理处理和分析需要设计开发了专门软件，实现了数百万级专利数据的规范统计研究和分析。同时，从时间、空间（地域）、主体（专利申请人、专利发明人）和客体（专利技术领域/产业）等多个维度着手，选取合适的研究指标，以大量的数据图表，以“呈现态”的方式将大量的统计和分析数据呈现在读者面前，以期全面反映研究对象的客观状态。书中，编者并未对大量的数据进行过多的主观分析，读者可以根据需要进行更深入的解读。

本书由曾志华、彭茂祥负责总策划、总审稿，曾志华、彭茂祥、田春虎、冀小强、王亚玲负责整体设计和审校。全书共三篇九章，第一章、第三章由史光伟负责撰写；第二章由李蓉负责撰写；第四章、第七章由杨景蓝负责撰写；第五章、第六章由董伟燕负责撰写；第八章、第九章由李隽春负责撰写。同时，由李隽春负责统稿，程丽芳负责软件支持。

目　录

第一篇　全球技术创新活动研究

第二篇　国内技术创新活动研究

第三篇　结论与建议

第一篇　全球技术创新活动研究

本篇以全球视野，研究全球专利创新活动，主要分析2006～2013年世界知识产权组织（WIPO）公布的35个技术领域的专利创新活动，重点反映2010～2013年九个主要专利来源国的技术创新状况和各技术领域的主要竞争者状况。

第一章　全球技术创新活动的发展趋势

本章分析全球发明专利申请公开量的变化趋势，并依据世界知识产权组织（WIPO）划分的5个一级技术领域和35个二级技术领域（简称WIPO35），研究各领域的创新活力，预测全球技术创新的方向及趋势。

第一节　全球技术创新活动整体情况

本节分析全球发明专利申请公开量的变化趋势，研究WIPO划分的5个一级技术领域的创新活力情况。

一、2006～2013年全球发明专利申请整体呈递增趋势

2006～2013年，全球发明专利申请整体呈递增趋势，由于受到2008年全球金融危机的影响，发明专利申请量仅在2009年略有下降。2010～2013年的申请量年度增长率逐年提高，说明全球发明专利申请增长态势良好（表1-1，图1-1）。

表1-1　2006～2013年全球发明专利申请量

年份	2006	2007	2008	2009	2010	2011	2012	2013
申请量/千件	1 794.3	1 866	1 914.8	1 846.8	1 987.6	2 149	2 347.7	2 570.0

数据来源：《世界知识产权指标报告》2013年、2014年。

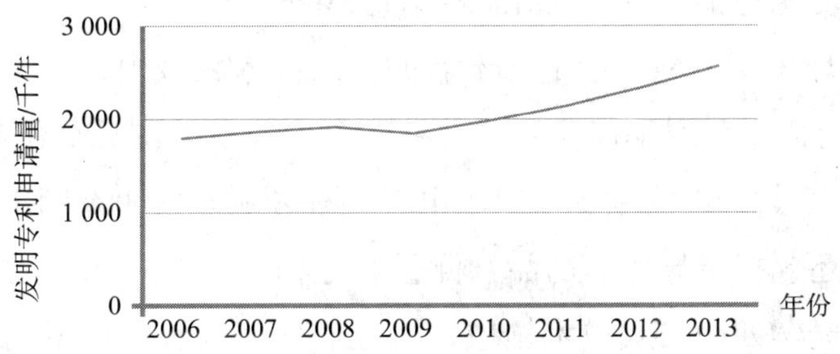

图1-1　2006～2013年全球发明专利申请态势

数据来源：《世界知识产权指标报告》2013年、2014年。

二、近年来全球电气工程领域的发明专利申请量份额最高，2013年化学领域的发明专利申请量份额增加，而电气工程领域的发明专利申请量份额有所降低

2013年全球5个一级技术领域中，发明专利申请量最高的是电气工程领域，反映出电气工程领域的技术创新活力最强，其发明专利申请量占2013年发明专利申请总量的30%。与2006～2012年相比，2013年电气工程的发明专利申请量占比降低2个百分点，而化学的发明专利申请量占比提高3个百分点（图1-2）。

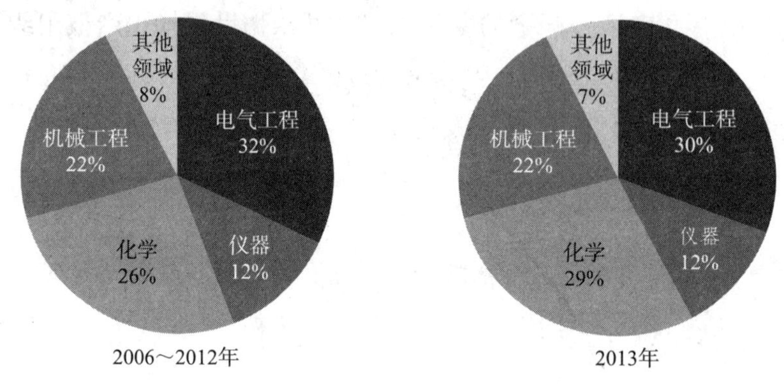

图1-2　2006～2012年及2013年全球5个一级技术领域发明专利申请量占比情况

数据来源：EPODOC。

第二节　全球技术创新方向及趋势

本节研究WIPO35各领域的全球发明专利申请公开量及其变化趋势，预测全球技术创新的方向及趋势。

一、2006～2013年计算机技术领域是全球发明专利申请量最高的技术领域，电机/电气装置/电能紧随其后

2006～2013年计算机技术领域申请总量达到1 166 065件，是全球最具活力的技术创新方向，其次为电机/电气装置/电能领域，申请总量达到1 096 989件。

2006～2013年全球发明专利申请量前十名的二级技术领域中，属于电气工程领域的有六个，属于化学领域的有两个，属于仪器领域的有两个。其中，发明专利申请量大于100万件的计算机技术和电机/电气装置/电能领域均属于电气工程领域。发明专利申请量累计达到70万件以上的二级技术领域还包括半导体、药品、测量和电信，技术创新活力较强。音像技术、医学技术、数字通信、光学四个二级技术领域，也位居发明专利申请量的前十名，技术创新活力相对较高。另外，发明专利申请量最少的二级技术领域是微观结构和纳米技术领域，八年累计量仅为五万余件，技术创新活力最低（表1-2，图1-3）。

表1-2　2006～2013年发明专利申请量WIPO35前十名

一级技术领域	二级技术领域	发明专利申请量/件	一级技术领域	二级技术领域	发明专利申请量/件
电气工程	计算机技术	1 166 065	电气工程	电信	719 780
电气工程	电机/电气装置/电能	1 096 989	电气工程	音像技术	682 312
电气工程	半导体	745 198	化学	医学技术	675 150
化学	药品	726 925	电气工程	数字通信	674 077
仪器	测量	720 488	仪器	光学	657 130

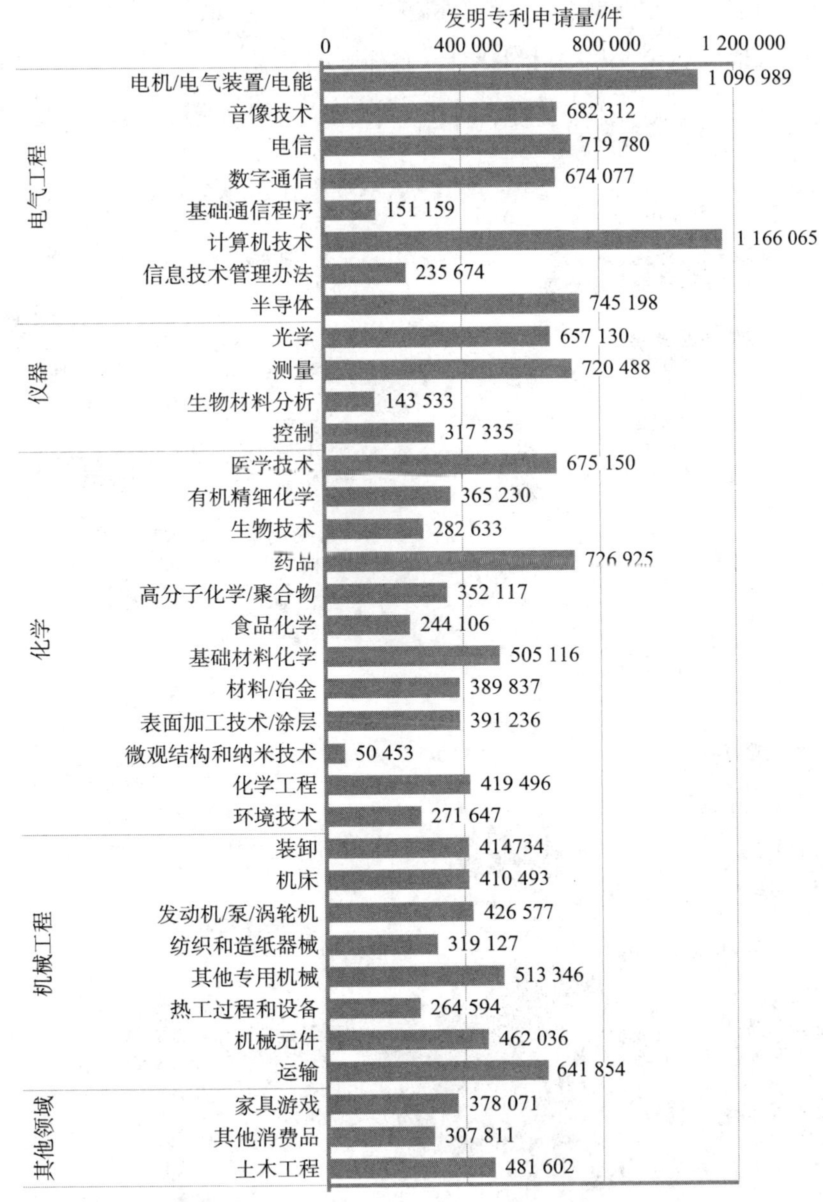

图1-3　2006～2013年全球WIPO35技术领域发明专利申请量

数据来源：EPODOC。

二、2013年计算机技术领域仍为全球发明专利申请量最高的技术领域，测量领域的发明专利申请量从第六跃居到第三

与2006～2012年WIPO35分领域发明专利申请量分布状况相比，2013年计算机技术领域仍为全球发明专利申请量最高的技术领域，同时，测量领域的发明专利申请量从第六跃居到第三，数字通信则从第九跃居为第四。2006～2012年全球发明专利申请量排名前十位的二级技术领域为：计算机技术、电机/电气装置/电能、半导体、电信、药品、测量、音像技术、医学技术、数字通信、光学领域。其中有六个二级技术领域属于电气工程，专利优势突出。2013年，电气工程领域中，仍有计算机技术、电机/电气装置/电能、数字通信、半导体和电信五个二级技术领域位列十强；十强的其他五个席位则为测量、药品、医学技术、基础材料化学、其他专用机械。其中，测量领域的发明专利申请量在2013年异常显著，申请量仅次于计算机技术和电机/电气装置/电能领域，跃居到第三的位置。

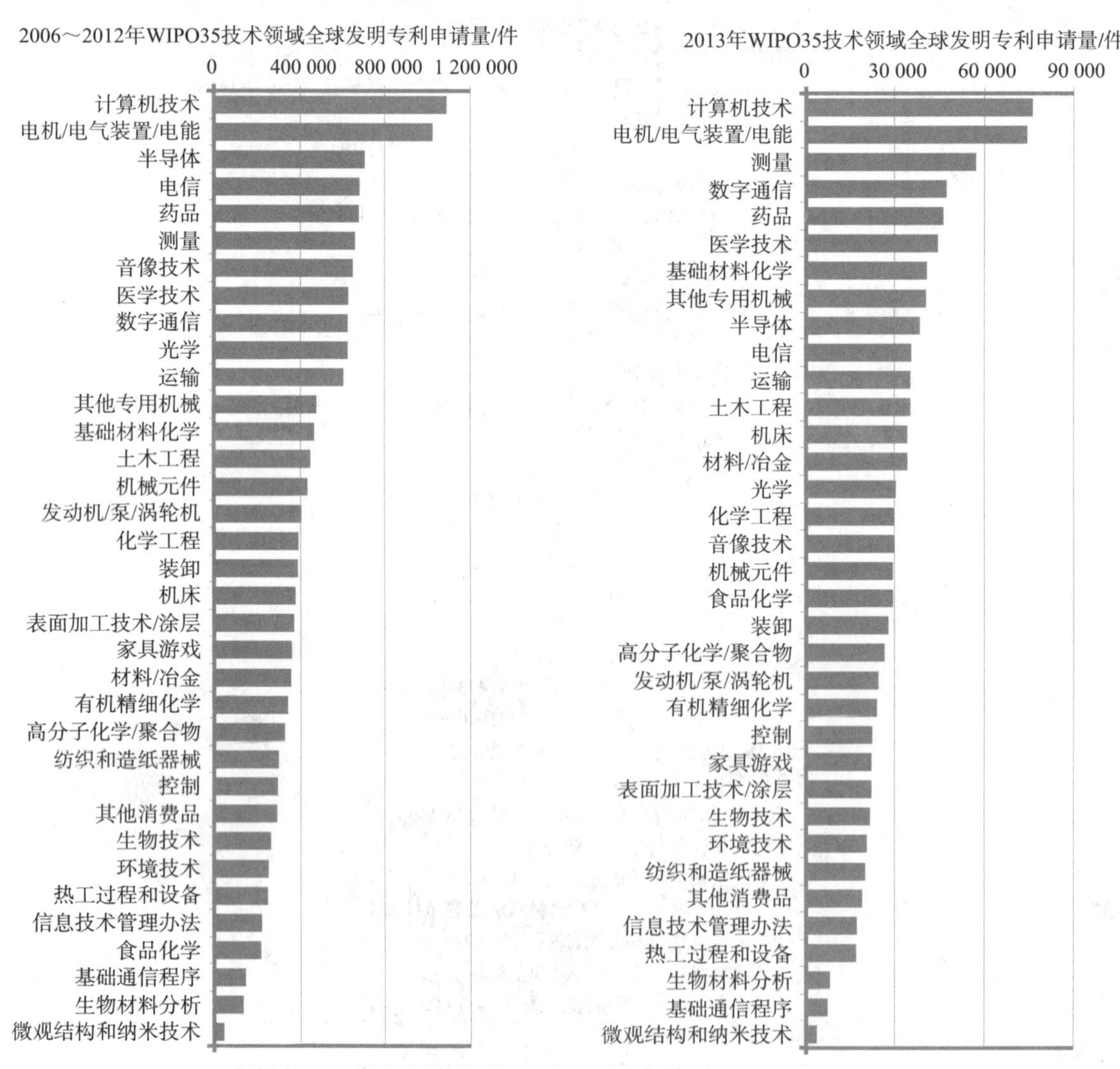

图1-4　WIPO35技术领域全球发明专利申请分布

数据来源：EPODOC。

三、微观结构和纳米技术、食品化学、机床、材料/冶金、信息技术管理办法、环境技术、热工过程和设备、其他专用机械、土木工程九个技术领域，或成为全球技术创新的方向及趋势

微观结构和纳米技术、食品化学、机床、材料/冶金、信息技术管理办法、环境技术、热工过程和设备、其他专用机械、土木工程九个技术领域，发明专利申请在近些年保持了5%以上的平均增长率，或成为全球技术创新的方向及趋势。

2006～2012年的发明专利申请量年平均增长率为正值的技术领域为28个，另外七个领域则为负增长。计算机技术、电机/电气装置/电能、半导体、测量、医学技术、数字通信六个技术领域，2006～2012年的发明专利申请总量较大，且年平均增长率均为正值，表现出良好的发展态势；但近些年创新活动较为活跃的音像技术、药品、电信等技术领域出现了负增长，说明全球技术创新的方向及趋势在不断变化（表1-3）。

表1-3　2006～2012年WIPO35技术领域发明专利申请平均增长率[①]

一级技术领域	二级技术领域	2006年发明申请量/件	2012年发明申请量/件	2006～2012年发明申请量平均增长率
化学	微观结构和纳米技术	4 472	9 427	13.23%
化学	食品化学	26 923	41 760	7.59%
机械工程	机床	45 188	69 080	7.33%
化学	材料/冶金	43 298	64 918	6.98%
电气工程	信息技术管理办法	28 223	40 093	6.03%
化学	环境技术	31 168	43 172	5.58%
机械工程	热工过程和设备	30 775	42 274	5.43%
机械工程	其他专用机械	61 612	82 917	5.07%
其他领域	土木工程	57 393	77 158	5.06%
机械工程	发动机/泵/涡轮机	51 392	67 316	4.60%
仪器	测量	88 170	113 880	4.36%
化学	基础材料化学	61 945	79 827	4.32%
化学	高分子化学/聚合物	44 200	55 679	3.92%
机械工程	运输	82 663	103 892	3.88%
化学	化学工程	52 325	65 050	3.69%
机械工程	机械元件	59 673	72 473	3.29%
化学	生物技术	35 144	42 667	3.29%

① n年数据的平均增长率＝［（本年年末数据／前n年年末数据）^{1/（n-1）}-1］×100%，前n年年末是指不包括本年的倒数第n年年末。

续表

一级技术领域	二级技术领域	2006年发明申请量/件	2012年发明申请量/件	2006～2012年发明申请量平均增长率
电气工程	数字通信	83 401	100 938	3.23%
电气工程	计算机技术	151 882	180 073	2.88%
其他领域	其他消费品	40 993	47 816	2.60%
机械工程	装卸	54 887	62 960	2.31%
化学	表面加工技术/涂层	50 928	58 190	2.25%
其他领域	家具游戏	51 830	58 288	1.98%
电气工程	半导体	97 255	107 838	1.74%
化学	有机精细化学	48 551	53 123	1.51%
仪器	控制	43 095	47 060	1.48%
化学	医学技术	91 586	98 662	1.25%
机械工程	纺织和造纸器械	47 189	43 564	−1.32%
仪器	生物材料分析	21 143	19 140	−1.65%
电气工程	基础通信程序	22 678	19 441	−2.53%
仪器	光学	101 333	86 246	−2.65%
化学	药品	113 646	92 236	−3.42%
电气工程	音像技术	110 807	87 356	−3.89%
电气工程	电信	115 949	89 460	−4.23%

数据来源：EPODOC。

第三节　本章小结

2006～2013年全球发明专利申请量整体呈递增趋势，技术创新活力持续增强。

近年来全球电气工程领域的发明专利申请量份额最高，2013年化学领域的发明专利申请量份额增加，电气工程领域的发明专利申请量份额有所降低。

2006～2013年全球发明专利申请量最高的为计算机技术领域，电机/电气装置/电能紧随其后；2013年计算机技术领域仍为全球发明专利申请量最高的技术领域，测量领域从第六跃居到第三。

微观结构和纳米技术、食品化学、机床、材料/冶金、信息技术管理办法、环境技术、热工过程和设备、其他专用机械、土木工程九个技术领域，发明专利申请在近些年保持了5%以上的平均增长率，或成为全球技术创新的方向及趋势。

第二章 全球主要专利来源国技术创新状况①

第一章已对2006～2013年全球技术创新活动的发展趋势进行了阐述，以下再通过聚焦近四年（2010～2013年）的九个主要专利来源国拥有的全球授权发明专利，揭示九个主要专利来源国的技术创新总况、分领域技术创新状况。

第一节 全球主要专利来源国技术创新整体情况

利用发明授权量、每申请人平均发明专利授权量、每授权发明专利平均发明人数、授权发明专利域外专利布局指数对九个主要专利来源国的技术创新状况进行分析，揭示各国家的技术创新能力、各创新主体的全球市场布局意图，这将有助于从宏观层面了解世界范围的技术和市场变化趋势。

一、全球发明专利授权量持续上升，增长态势良好

如图2-1所示，2006～2013年，全球发明专利授权量呈持续上升趋势，2013年达到117万

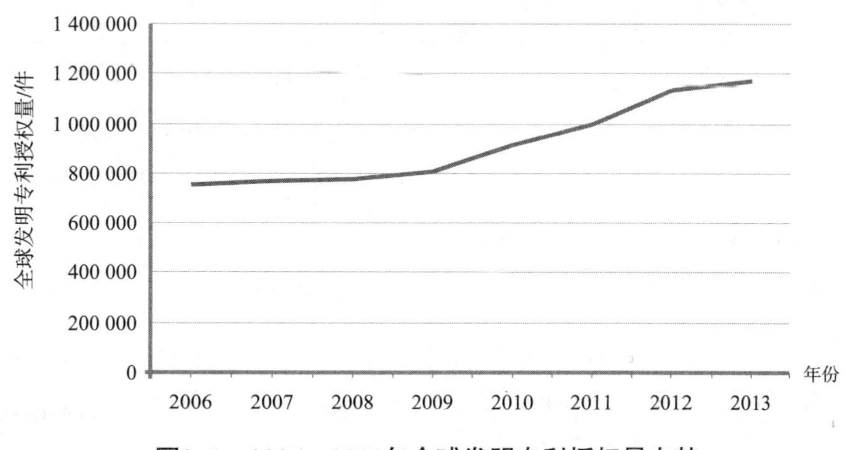

图2-1 2006～2013年全球发明专利授权量态势

数据来源：2006～2013年数据来自《世界知识产权指标报告》2013年、2014年。

① 本章基于全球专利数据的优先权国信息确定专利来源国，以“九国两组织”中的九国作为世界主要专利来源国所拥有的全球授权发明专利文献作为研究基础。“九国两组织”是指《专利合作条约》规定的国际检索单位必须检索的“PCT最低文献量”涉及的国家，具体包括美国、英国、法国、德国、日本、俄罗斯、瑞士、中国、韩国、欧洲专利局和《专利合作条约》组织官方出版的专利文献。

件，年均增长率为6.5%，全球发明专利授权增长态势良好。2010年、2011年和2012年，全球发明专利授权量的增幅分别为12.2%、9.7%和13.5%，到了2013年，增幅仅为3.1%[①]，中华人民共和国国家知识产权局从2010年开始专利授权量的增幅放缓，以及日本特许厅专利授权量增势放缓是引起增长率下滑的部分原因。同时，韩国特许厅和美国专利商标局专利授权量的增加则几近包揽了全球总增量。

二、全球授权发明专利主要来源于美国、日本、中国、韩国

如图2-2所示，以2010～2013年四年的发明专利授权总量计，九个主要专利来源国中，美国发明专利授权量位居第一，四年总计达到436 544件，日本、中国、韩国紧随其后，分别为380 821件、311 609件、205 159件。俄罗斯、德国、法国、英国、瑞士的四年发明专利授权量分别为85 043件、70 204件、48 676件、22 314件、3 475件，远低于美国、日本、中国、韩国。

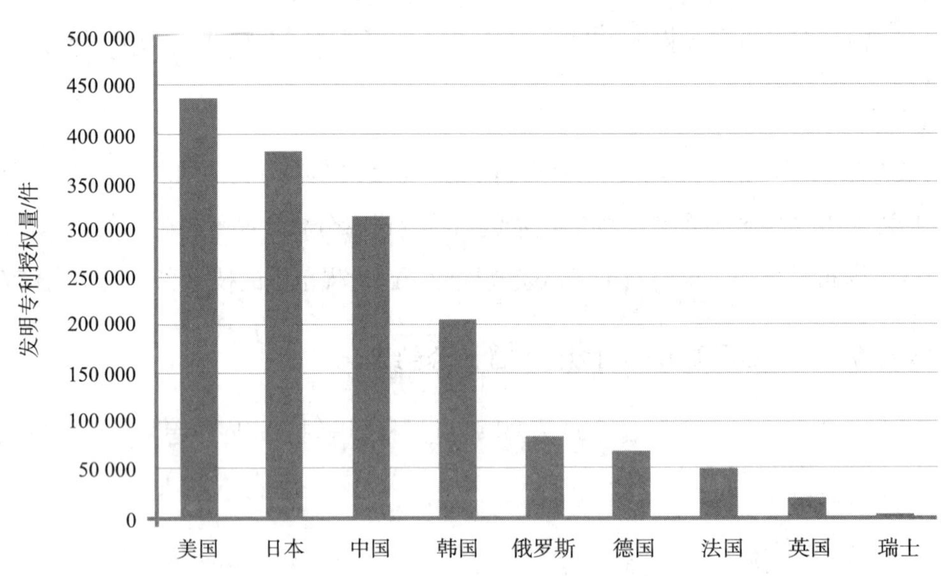

图2-2 2010～2013年九个主要专利来源国授权发明专利总数

数据来源：EPODOC。

三、日本有效竞争者的平均专利集中度远高于其他国家

如图2-3所示，2010～2013年每申请人平均发明专利授权量最高的专利来源国是日本，达到15.53件/人，有效竞争者的平均专利集中度远高于其他国家，这意味着日本有效竞争者平均拥有的专利技术最多，日本有效竞争者在全球市场竞争中拥有更多的主动权，实力较雄厚。每申请人平均发明专利授权量位居第二的是美国，达到5.28件/人，其次是法国、德国、俄罗斯、韩国、中国、英国、瑞士，分别为5.05件/人、4.71件/人、3.89件/人、3.88件/人、3.48件/人、2.82件/人、2.05件/人。我国有效竞争者的平均专利集中度不高，申请人对专利技术的自由运用程度

① 引自《世界知识产权指标报告 2014 年版》。

尚处于较低水平，技术实力有待增强。

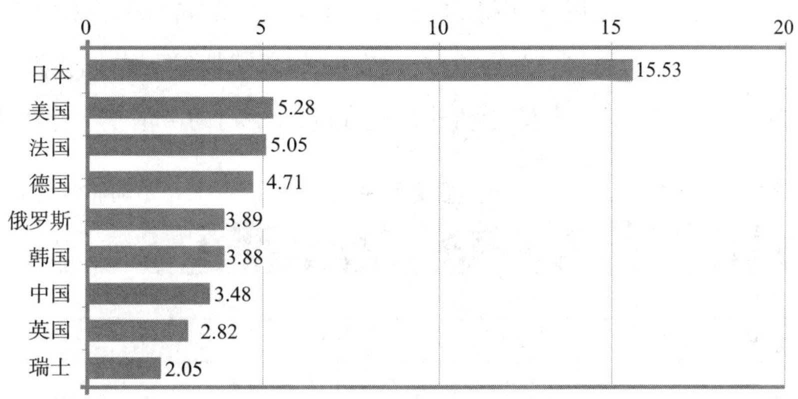

图2-3　2010～2013年九个主要专利来源国的每申请人平均发明专利授权量/（件/人）

数据来源：EPODOC。

四、中国的授权发明专利平均研究密集程度较高

如图2-4所示，2010～2013年每授权发明专利平均发明人数最多的专利来源国是中国，达到3.66人次/件，体现了较高的专利平均研究密集程度，这与中国由于人力资源成本较低而拥有众多研发人员的国情相符合。另外，每授权发明专利投入的研发人员数量较多，也意味着授权发明专利的价值可能较高。俄罗斯、美国和日本都拥有较高的每授权发明专利平均发明人数，分别为3.12人次/件、2.75人次/件和2.54人次/件。

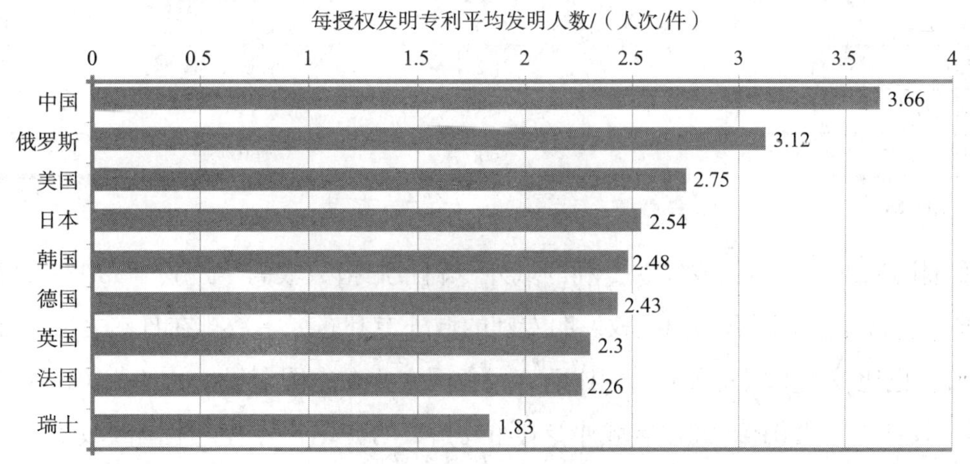

图2-4　2010～2013年九个主要专利来源国的每授权发明专利平均发明人数

数据来源：EPODOC。

五、日本域外专利布局份额较高

一般情况下，专利申请人倾向于首先在本国申请专利，获得专利权保护，因而本国申请和

授权的数量将显著影响各国的专利布局。为了更加客观地反映全球市场布局趋势，本节重点研究各国排除了本国授权发明后在域外获得的授权发明数量和布局情况。如表2-1和表2-2所示，2010～2013年，德国、英国、法国、瑞士的授权发明专利域外专利布局指数较高，均达到50%以上，这四个欧洲国家，除在本国申请专利外，还在欧洲专利局申请了大量专利。

表2-1　2010～2013年九个主要专利来源国本国和域外专利布局指数

专利来源国	本国专利布局指数/%	域外专利布局指数/%	专利来源国	本国专利布局指数/%	域外专利布局指数/%
德国	30.6	69.4	美国	78.2	21.8
英国	34.9	65.1	韩国	82	18
法国	40.1	59.9	中国	95.2	4.8
瑞士	43.7	56.4	俄罗斯	99.1	0.9
日本	61.9	38.1			

数据来源：EPODOC。

表2-2　2010～2013年九个主要专利来源国历年域外专利布局指数

专利来源国	域外专利布局指数/%			
	2010年	2011年	2012年	2013年
美国	28.3	22.1	14.6	12
日本	38.5	42.6	36.9	21.5
中国	4.5	4.4	5	19.6
韩国	24.1	18.7	14.4	5.7
德国	77.8	72.4	59.6	28.9
法国	49	60.2	70.9	82.9
俄罗斯	1.5	1.2	0.5	0.3
英国	70.3	64.7	56.3	47.1
瑞士	53.4	60	60.4	51.7

数据来源：EPODOC。

除去欧洲国家外，日本授权发明专利的域外专利布局指数较高，达到了38.1%，说明日本比较注重域外专利布局。美国和韩国授权发明专利的域外专利布局指数排在日本之后，分别达到了21.8%和18%，也比较注重域外布局。相比而言，中国主要在本国布局，2010～2013年整体域外专利布局指数不足5%。但2010～2013年域外专利布局指数的变化趋势看，中国的域外专利布局指数呈明显上升趋势，2010年域外专利布局指数仅为4.5%，2013年则上升到19.6%，说明中国越来越重视专利域外布局，全球市场布局的意识和能力在逐步增强。

六、美国和中国是全球专利布局的主要市场

如图2-5所示，2010～2013年，九个主要专利来源国在美国和中国的专利布局比例均较高。除本国专利局外，日本在美国专利商标局和中华人民共和国国家知识产权局的专利布局比例较

高，分别达到了21.26%和11.07%。除本国专利局外，美国在中华人民共和国国家知识产权局的专利布局比例较高，达到了7.33%。除本国专利局外，韩国在美国专利商标局的专利布局比例较高，达到了11.05%，其次是在中华人民共和国国家知识产权局的专利布局比例，达到了3.48%。除本国和欧洲专利局外，德国、法国、英国、瑞士均在美国专利商标局的布局比例较高，分别达到了23.31%、13.68%、29.15%、18.73%，在中华人民共和国国家知识产权局的布局比例也较高，分别达到了9.76%、4.94%、8.21%、8.26%。除本国专利局外，中国仅在美国专利商标局的布局比例达到3.6%，在其他三局的布局比例均不足0.5%。俄罗斯在五局的布局比例均较低，仅在美国专利商标局和中华人民共和国国家知识产权局的布局比例达到了0.35%和0.1%，在其他三局均不足0.1%。由上述分析可知，美国和中国由于市场容量大、蕴藏巨大商机而受到了各国的关注，中国虽然对全球发明申请量和授权量贡献较大，但其主要在本国范围内进行专利布局，借助知识产权进军全球市场的意识和能力亟待增强。

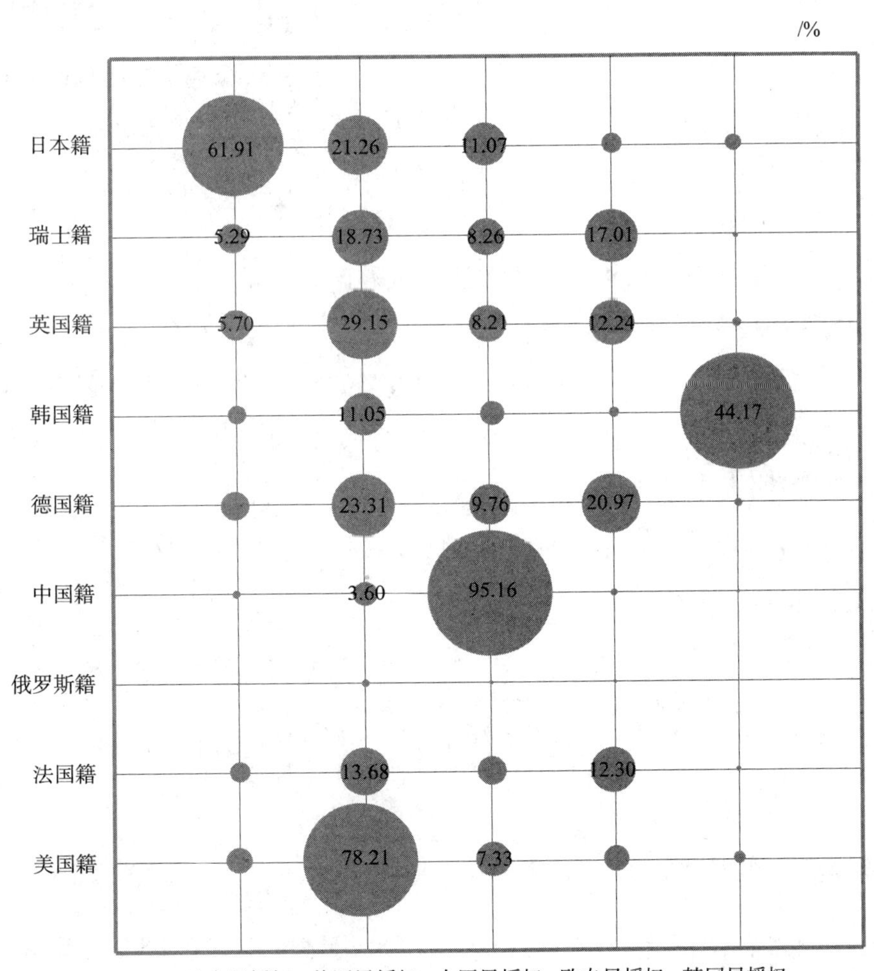

图2-5　2010～2013年九个主要专利来源国五局专利布局

数据来源：EPODOC。

七、在中、美、日、韩四国的专利技术流动中，日本处于高位势，是最大的技术输出国，中国则处于低位势，是最大的技术输入国

如图2-6所示，2010～2013年，日本籍申请人在美国专利商标局获得的发明授权专利共计80 972件，而美国籍申请人在日本专利局获得的发明授权专利共计17 618件。日本籍申请人在中华人民共和国国家知识产权局获得的发明授权专利共计42 170件，而中国籍申请人在日本专利局获得的发明授权专利共计1 263件。日本籍申请人在韩国专利局获得的发明授权专利共计6 154件，而韩国籍申请人在日本专利局获得的发明授权专利共计4 191件。可见，与中国、美国和韩国相比，日本在技术流动方面均处于高位势，是最大的专利技术输出国。日本向美、中、韩输出了共129 296件发明授权专利，这一数据高于美国向日、中、韩，中国向日、美、韩，韩国向日、美、中输出的专利总和。这与日本一贯重视拓展域外市场、具备很强的研发实力、注重域外市场知识产权保护等多方面因素有关。

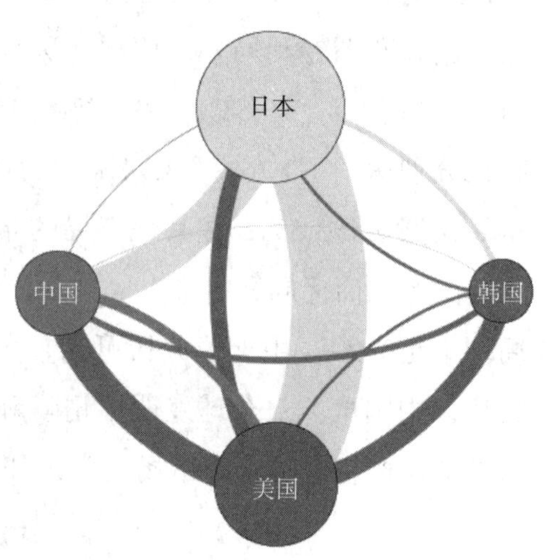

图2-6 2010～2013年四国授权发明专利流向

数据来源：EPODOC。

此外，2010～2013年，中国籍申请人在美国专利商标局获得的发明授权专利共计11 207件，而美国籍申请人在中华人民共和国国家知识产权局获得的发明授权专利共计31 990件。中国籍申请人在韩国专利局获得的发明授权专利共计266件，而韩国籍申请人在中华人民共和国国家知识产权局获得的发明授权专利共计7 141件。可见，与美国、中国和日本相比，中国在技术流动方面均处于低位势，是最大的专利技术输入国，这在一定程度上反映了中国的技术创新实力与日、美仍存在差距。

第二节　全球主要专利来源国授权发明专利领域分布情况

基于世界知识产权组织公布的35个技术领域，进一步揭示九个主要专利来源国的技术创新状况。

一、美国、日本、中国在WIPO35的多个技术领域中授权发明专利数位居九国第一

如表2-3所示，2010～2013年，美国在13个技术领域中的授权发明专利数量位居九国第一，日本在12个技术领域中的授权发明专利数量位居九国第一，中国在九个技术领域中的授权发明专利数量位居九国第一，韩国在一个技术领域中的授权发明专利数量位居九国第一。美国、日

本、中国在WIPO35多个技术领域中占据优势。

表2-3　2010～2013年九个专利来源国WIPO35技术领域发明授权量 /件

WIPO35技术领域		美国	日本	中国	韩国	德国	法国	俄罗斯	英国	瑞士
Ⅰ电气工程	电机/电气装置/电能	31 733	47 178	27 468	23 288	7 300	3 780	3 119	1 754	243
	音像技术	24 610	40 188	9 859	12 115	1 899	1 234	492	730	43
	电信	39 243	28 603	11 892	12 487	1 456	1 811	1 187	1 228	27
	数字通信	38 326	14 474	19 132	9 451	1 126	1 432	405	1 573	17
	基础通信程序	13 688	7 886	2 537	2 741	719	675	949	362	12
	计算机技术	88 833	40 183	20 789	15 756	2 412	2 982	1 355	1 448	78
	信息技术管理方法	13 404	4 868	571	4 644	140	183	107	147	12
	半导体	33 714	38 562	9 871	19 377	2 740	1 798	763	501	49
Ⅱ仪器	光学	18 115	44 496	8 560	9 082	2 003	1 275	747	579	73
	测量	27 725	23 832	27 583	11 905	6 521	3 724	6 722	1 675	573
	生物材料分析	6 463	2 500	1 709	1 534	496	445	2 109	380	29
	控制	14 735	11 352	8 043	5 285	1 950	1 287	1 472	590	61
Ⅲ化学	医学技术	31 394	12 778	7 200	7 127	3 738	2 349	7 134	1 572	275
	有机精细化学	12 388	7 777	11 315	2 920	1 546	2 957	1 698	771	70
	生物技术	11 389	3 572	12 339	2 818	584	513	1 285	396	15
	药品	26 923	6 824	22 015	3 159	1 179	2 243	4 377	1 872	77
	高分子化学/聚合物	9 727	13 513	14 037	3 125	1 753	1 292	1 199	358	35
	食品化学	5 970	3 609	16 914	4 444	385	545	13 767	268	30
	基础材料化学	14 857	11 946	19 921	5 025	2 362	1 569	3 449	1 062	80
	材料/冶金	6 399	13 181	24 444	6 385	2 319	1 647	6 504	440	73
	表面加工技术/涂层	14 116	16 475	8 623	4 910	2 500	1 352	1 792	602	140
	微观结构和纳米技术	1 901	965	2 120	1 471	249	255	1 450	52	12
	化学工程	13 934	9 905	15 180	8 390	3 360	2 128	3 784	998	138
	环境技术	6 918	7 742	12 637	7 817	1 855	1 395	2 211	564	69
Ⅳ机械工程	装卸	12 515	13 787	7 197	6 771	4 277	2 350	1 070	1 119	434
	机床	13 053	12 304	14 238	7 107	5 345	1 656	3 188	713	260
	发动机/泵/涡轮机	11 495	14 586	5 719	5 146	4 996	3 077	3 742	1 244	180
	纺织和造纸器械	7 966	15 652	7 835	3 487	2 148	784	541	480	164
	其他专用机械	16 586	15 257	16 495	10 194	4 305	2 931	5 471	1 029	195
	热工过程和设备	3 932	7 777	7 357	6 122	1 748	1 173	1 674	389	93
	机械元件	12 193	15 498	8 539	6 425	7 749	3 159	2 759	1 262	206
	运输	16 378	25 230	7 404	10 597	9 284	8 949	3 860	1 480	144
Ⅴ其他领域	家具游戏	15 499	15 955	4 165	7 194	2 374	1 538	589	1 353	241
	其他消费品	9 850	7 564	4 616	7 052	2 493	1 786	2 764	940	230
	土木工程	15 167	12 026	13 301	18 675	3 535	2 941	6 131	1 606	300

数据来源：EPODOC。

二、美国在计算机、信息技术管理办法、基础通信程序领域的本国专业化优势明显

如表2-4所示，2010～2013年，美国电气工程领域中具有专业化优势的二级领域共六个，在本国专业化程度最高，其次是化学领域、仪器领域、其他领域，具有专业化优势的二级领域分别为四个、两个、一个。二级领域中信息技术管理办法、计算机技术、基础通信程序的相对专业化指数分别为0.29、0.25、0.21，是美国国内专业化程度较高的二级领域。

表2-4　2010～2013年美国WIPO35技术领域的相对专业化指数（RSI）

WIPO35技术领域		美国 RSI
Ⅰ电气工程	电机/电气装置/电能	−0.12
	音像技术	−0.02
	电信	0.15
	数字通信	0.19
	基础通信程序	0.21
	计算机技术	0.25
	信息技术管理办法	0.29
	半导体	0.04
Ⅱ仪器	光学	−0.13
	测量	−0.05
	生物材料分析	0.16
	控制	0.06
Ⅲ化学	医学技术	0.18
	有机精细化学	0.02
	生物技术	0.08
	药品	0.14
	高分子化学/聚合物	−0.12
	食品化学	−0.34
	基础材料化学	−0.06
	材料/冶金	−0.44
	表面加工技术/涂层	−0.01
	微观结构和纳米技术	−0.1
	化学工程	−0.07
	环境技术	−0.23

续表

WIPO35技术领域		美国RSI
Ⅳ机械工程	装卸	-0.05
	机床	-0.1
	发动机/泵/涡轮机	-0.09
	纺织和造纸器械	-0.14
	其他专用机械	-0.09
	热工过程和设备	-0.34
	机械元件	-0.13
	运输	-0.16
Ⅴ其他领域	家具游戏	0.05
	其他消费品	-0.03
	土木工程	-0.14

数据来源：EPODOC。

三、日本在光学、音像技术领域的本国专业化优势明显

如表2-5所示，2010～2013年日本的机械工程领域中在本国具有专业化优势的二级领域共六个，专业化程度最高；其次是电气工程领域、仪器领域、化学领域、其他领域，具有专业化优势的二级领域分别为五个、两个、两个、一个。二级领域中，光学领域相对专业化指数为0.33、音像技术相对专业化指数为0.26、纺织和造纸器械相对专业化指数为0.21，是日本国内专业化程度较高的二级领域。

表2-5　2010～2013年日本WIPO35技术领域的相对专业化指数（RSI）

WIPO35技术领域		日本RSI
Ⅰ电气工程	电机/电气装置/电能	0.12
	音像技术	0.26
	电信	0.08
	数字通信	-0.16
	基础通信程序	0.04
	计算机技术	-0.02
	信息技术管理办法	-0.08
	半导体	0.17
Ⅱ仪器	光学	0.33
	测量	-0.05
	生物材料分析	-0.19
	控制	0.02

续表

WIPO35技术领域		日本RSI
Ⅲ化学	医学技术	-0.15
	有机精细化学	-0.11
	生物技术	-0.35
	药品	-0.39
	高分子化学/聚合物	0.09
	食品化学	-0.49
	基础材料化学	-0.09
	材料/冶金	-0.06
	表面加工技术/涂层	0.13
	微观结构和纳米技术	-0.33
	化学工程	-0.15
	环境技术	-0.11
Ⅳ机械工程	装卸	0.06
	机床	-0.06
	发动机/泵/涡轮机	0.08
	纺织和造纸器械	0.21
	其他专用机械	-0.06
	热工过程和设备	0.02
	机械元件	0.04
	运输	0.09
Ⅴ其他领域	家具游戏	0.13
	其他消费品	-0.08
	土木工程	-0.18

数据来源：EPODOC。

四、中国在材料/冶金、生物技术、食品化学、基础材料化学领域的本国专业化优势明显

如表2-6所示，2010～2013年，中国化学领域中在本国具有专业化优势的二级领域共十个，专业化程度最高；其次是机械工程领域、仪器领域、电气工程领域，具有专业化优势的二级领域分别为三个、一个、一个。二级领域中材料/冶金、生物技术、食品化学、基础材料化学的相对专业化指数分别为0.29、0.26、0.25、0.21，是中国国内专业化程度较高的二级领域。

表2-6 2010～2013年中国WIPO35技术领域的相对专业化指数（RSI）

WIPO35技术领域		中国RSI
Ⅰ电气工程	电机/电气装置/电能	−0.04
	音像技术	−0.28
	电信	−0.23
	数字通信	0.04
	基础通信程序	−0.38
	计算机技术	−0.23
	信息技术管理办法	−0.94
	半导体	−0.35
Ⅱ仪器	光学	−0.31
	测量	0.09
	生物材料分析	−0.27
	控制	−0.06
Ⅲ化学	医学技术	−0.32
	有机精细化学	0.12
	生物技术	0.26
	药品	0.19
	高分子化学/聚合物	0.18
	食品化学	0.25
	基础材料化学	0.21
	材料/冶金	0.29
	表面加工技术/涂层	−0.08
	微观结构和纳米技术	0.09
	化学工程	0.11
	环境技术	0.17
Ⅳ机械工程	装卸	−0.15
	机床	0.08
	发动机/泵/涡轮机	−0.26
	纺织和造纸器械	−0.01
	其他专用机械	0.04
	热工过程和设备	0.07
	机械元件	−0.14
	运输	−0.36
Ⅴ其他领域	家具游戏	−0.38
	其他消费品	−0.22
	土木工程	−0.06

数据来源：EPODOC。

第三节　全球主要专利来源国分领域技术创新状况

本节将以全球申请公开量最高的前十个领域为例，分析各领域的技术创新状况，前十个领域是指：计算机技术、电机/电气装置/电能、半导体、药品、测量、电信、音像技术、医学技术、数字通信、光学。

一、计算机技术领域美国的技术创新优势明显

如表2-7所示，2010～2013年在计算机技术领域，美国的发明授权量远高于其他国家，达到了88 833件，技术创新能力较强；其次是日本40 183件、中国20 789件、韩国15 756件、法国2 982件、德国2 412件、英国1 448件、俄罗斯1 355件、瑞士78件。

表2-7　2010～2013年九个主要专利来源国在计算机技术领域的技术创新情况

专利来源国	发明专利授权量/件	每申请人平均发明专利授权量/（件/人）	每授权发明专利平均发明人数/（人次/件）
日本	40 183	19.14	2.23
美国	88 833	6.79	2.77
中国	20 789	4.49	3.35
韩国	15 756	4.38	2.60
德国	2 412	3.41	2.43
法国	2 982	4.07	2.19
俄罗斯	1 355	2.13	3.05
英国	1 448	2.32	2.23
瑞士	78	1.38	2.18

数据来源：EPODOC。

2010～2013年，在计算机技术领域，日本的每申请人平均发明专利授权量远高于其他国家，达到了19.14件/人，有效竞争者的平均专利集中度较高；其次是美国6.79件/人、中国4.49件/人、韩国4.38件/人、法国4.07件/人、德国3.41件/人、英国2.32件/人、俄罗斯2.13件/人、瑞士1.38件/人。

2010～2013年，在计算机技术领域，中国的每授权发明专利平均发明人数高于其他国家，达到了3.35人次/件，这意味着中国每授权发明专利投入的科研人员数量较多，授权发明专利的研究密集程度较高。其次是俄罗斯3.05人次/件、美国2.77人次/件、韩国2.6人次/件、德国2.43人

次/件、日本2.23人次/件、英国2.23人次/件、法国2.19人次/件、瑞士2.18人次/件。

综合发明专利授权量、每申请人平均发明专利授权量、每授权发明专利平均发明人数的情况，在计算机技术领域，美国的技术创新优势明显。

二、电机/电气装置/电能领域日本的技术创新优势明显

如表2-8所示，2010～2013年，在电机/电气装置/电能领域，日本的发明授权量高于其他国家，达到了47 178件，技术创新能力较强；美国也较高，达到了31 733件；其次是中国27 468件、韩国23 288件、德国7 300件、法国3 780件、俄罗斯3 119件、英国1 754件、瑞士243件。

表2-8 2010～2013年九个主要专利来源国在电机/电气装置/电能领域的技术创新情况

专利来源国	发明专利授权量/件	每申请人平均发明专利授权量/（件/人）	每授权发明专利平均发明人数/（人次/件）
日本	47 178	13.65	2.70
美国	31 733	3.79	2.59
中国	27 468	2.53	3.33
韩国	23 288	3.22	2.53
德国	7 300	3.94	2.39
法国	3 780	4.82	2.29
俄罗斯	3 119	2.11	3.10
英国	1 754	2.38	2.11
瑞士	243	1.75	1.88

数据来源：EPODOC。

2010～2013年，在电机/电气装置/电能领域，日本的每申请人平均发明专利授权量远高于其他国家，达到了13.65件/人，有效竞争者的平均专利集中度较高，其次是法国4.82件/人、德国3.94件/人、美国3.79件/人、韩国3.22件/人、中国2.53件/人、英国2.38件/人、俄罗斯2.11件/人、瑞士1.75件/人。

2010～2013年，在电机/电气装置/电能领域，中国的每授权发明专利平均发明人数高于其他国家，达到了3.33人次/件，这表示中国每授权发明专利投入的科研人员数量较多，授权发明专利的研究密集程度高，其次是俄罗斯3.1人次/件、日本2.7人次/件、美国2.59人次/件、韩国2.53人次/件、德国2.39人次/件、法国2.29人次/件、英国2.11人次/件、瑞士1.88人次/件。

综合发明专利授权量、每申请人平均发明专利授权量、每授权发明专利平均发明人数的情况，在电机/电气装置/电能领域，日本的技术创新优势明显。

三、半导体领域日本的技术创新优势明显

如表2-9所示，2010～2013年，在半导体领域，日本的发明授权量高于其他国家，达到了38 562件，技术创新能力较强；美国略低于日本，达到了33 714件；其次是韩国19 377件、中国9 871件、德国2 740件、法国1 798件、俄罗斯763件、英国501件、瑞士49件。

表2-9　2010～2013年九个主要专利来源国在半导体领域的技术创新情况

专利来源国	发明专利授权量/件	每申请人平均发明专利授权量/（件/人）	每授权发明专利平均发明人数/（人次/件）
日本	38 562	18.47	2.72
美国	33 714	9.06	3.06
中国	9 871	4.47	3.29
韩国	19 377	6.82	2.89
德国	2 740	4.90	2.91
法国	1 798	5.39	2.49
俄罗斯	763	1.99	3.81
英国	501	2.65	2.36
瑞士	49	1.37	2.67

数据来源：EPODOC。

2010～2013年，在半导体领域，日本的每申请人平均发明专利授权量远高于其他国家，达到了18.47件/人，其有效竞争者的平均专利集中度较高，美国次之，达到9.06件/人；其次是韩国6.82件/人、法国5.39件/人、德国4.90件/人、中国4.47件/人、英国2.65件/人、俄罗斯1.99件/人、瑞士1.37件/人。

2010～2013年，在半导体领域，俄罗斯的每授权发明专利平均发明人数高于其他国家，达到了3.81人次/件，其每授权发明专利投入的科研人员数量较多，授权发明专利的研究密集程度高；其次是中国3.29人次/件、美国3.06人次/件、德国2.91人次/件、韩国2.89人次/件、日本2.72人次/件、瑞士2.67人次/件、法国2.49人次/件、英国2.36人次/件。

综合发明专利授权量、每申请人平均发明专利授权量、每授权发明专利平均发明人数的情况，在半导体领域，日本的技术创新优势明显。

四、药品领域美国的技术创新优势明显

如表2-10所示，2010～2013年，在药品领域，美国和中国的发明授权量远高于其他国家，分别达到了26 923件、22 015件，技术创新能力较强；其次是日本6 824件、俄罗斯4 377件、韩国3 159件、法国2 243件、英国1 872件、德国1 179件、瑞士77件。

表2-10　2010～2013年九个主要专利来源国在药品领域的技术创新情况

专利来源国	发明专利授权量/件	每申请人平均发明专利授权量/（件/人）	每授权发明专利平均发明人数/（人次/件）
日本	6 824	3.71	4.07
美国	26 923	3.65	3.99
中国	22 015	2.17	3.45
韩国	3 159	2.68	4.65
德国	1 179	2.85	4.37
法国	2 243	4.19	3.57
俄罗斯	4 377	2.11	4.26
英国	1 872	2.88	3.99
瑞士	77	1.52	3.11

数据来源：EPODOC。

2010～2013年，在药品领域，法国的每申请人平均发明专利授权量高于其他国家，达到4.19件/人，其有效竞争者的平均专利集中度较高；其次是日本3.71件/人、美国3.65件/人、英国2.88件/人、德国2.85件/人、韩国2.68件/人、中国2.17件/人、俄罗斯2.11件/人、瑞士1.52件/人。

2010～2013年，在药品领域，韩国的每授权发明专利平均发明人数高于其他国家，达到4.65人次/件，其每授权发明专利投入的科研人员数量较多，授权发明专利的研究密集程度高，其次是德国4.37人次/件、俄罗斯4.26人次/件、日本4.07人次/件、美国3.99人次/件、英国3.99人次/件、法国3.57人次/件、中国3.45人次/件、瑞士3.11人次/件。

综合发明专利授权量、每申请人平均发明专利授权量、每授权发明专利平均发明人数的情况，在药品领域，美国的技术创新优势明显。

五、测量领域中国和美国的技术创新优势明显

如表2-11所示，2010～2013年，在测量领域，美国的发明授权量高于其他国家，达到27 725件，其技术创新能力较强，中国略低于美国，达到27 583件，其次是日本23 832件、韩国11 905件、俄罗斯6 722件、德国6 521件、法国3 724件、英国1 675件、瑞士573件。

表2-11　2010～2013年九个主要专利来源国在测量领域的技术创新情况

专利来源国	发明专利授权量/件	每申请人平均发明专利授权量/（件/人）	每授权发明专利平均发明人数/（人次/件）
日本	23 832	8.45	2.50
美国	27 725	3.60	2.61
中国	27 583	3.05	4.24

续表

专利来源国	发明专利授权量/件	每申请人平均发明专利授权量/（件/人）	每授权发明专利平均发明人数/（人次/件）
韩国	11 905	3.21	2.67
德国	6 521	3.64	2.42
法国	3 724	4.42	2.32
俄罗斯	6 722	2.58	3.34
英国	1 675	2.17	2.13
瑞士	573	2.24	1.91

数据来源：EPODOC。

2010～2013年，在测量领域，日本的每申请人平均发明专利授权量高于其他国家，达到8.45件/人，其有效竞争者的平均专利集中度较高；其次是法国4.42件/人、德国3.64件/人、美国3.60件/人、韩国3.21件/人、中国3.05件/人、俄罗斯2.58件/人、瑞士2.24件/人、英国2.17件/人。

2010～2013年，在测量领域，中国的每授权发明专利平均发明人数高于其他国家，达到4.24人次/件，其每授权发明专利投入的科研人员数量较多，授权发明专利的研究密集程度高；其次是俄罗斯3.34人次/件、韩国2.67人次/件、美国2.61人次/件、日本2.5人次/件、德国2.42人次/件、法国2.32人次/件、英国2.13人次/件、瑞士1.91人次/件。

综合发明专利授权量、每申请人平均发明专利授权量、每授权发明专利平均发明人数的情况，在测量领域，中国和美国的技术创新优势明显。

六、电信领域美国的技术创新优势明显

如表2-12所示，2010～2013年，在电信领域，美国的发明授权量远高于其他国家，达到39 243件，其技术创新能力较强；其次是日本28 603件、韩国12 487件、中国11 892件、法国1 811件、德国1 456件、英国1 228件、俄罗斯1 187件、瑞士27件。

表2-12　2010～2013年九个主要专利来源国在电信领域的技术创新情况

专利来源国	发明专利授权量/件	每申请人平均发明专利授权量/（件/人）	每授权发明专利平均发明人数/（人次/件）
日本	28 603	20.07	2.29
美国	39 243	6.35	2.68
中国	11 892	4.16	3.09
韩国	12 487	3.90	2.94
德国	1 456	2.88	2.30
法国	1 811	4.24	2.29

续表

专利来源国	发明专利授权量/件	每申请人平均发明专利授权量/（件/人）	每授权发明专利平均发明人数/（人次/件）
俄罗斯	1 187	2.13	3.47
英国	1 228	3.05	2.25
瑞士	27	1.15	2.07

数据来源：EPODOC。

2010～2013年，在电信领域，日本的每申请人平均发明专利授权量高于其他国家，达到了20.07件/人，其有效竞争者的平均专利集中度较高；美国也较高，达到了6.35件/人；其次是法国4.24件/人、中国4.16件/人、韩国3.90件/人、英国3.05件/人、德国2.88件/人、俄罗斯2.13件/人、瑞士1.15件/人。

2010～2013年，在电信领域，俄罗斯的每授权发明专利平均发明人数高于其他国家，达到了3.47人次/件，其每授权发明专利投入的科研人员数量较多，授权发明专利的研究密集程度高，其次是中国3.09人次/件、韩国2.94人次/件、美国2.68人次/件、德国2.3人次/件、日本2.29人次/件、法国2.29人次/件、英国2.25人次/件、瑞士2.07人次/件。

综合发明专利授权量、每申请人平均发明专利授权量、每授权发明专利平均发明人数的情况，在电信领域，美国的技术创新优势明显。

七、音像技术领域日本的技术创新优势明显

如表2-13所示，2010～2013年，在音像技术领域，日本的发明授权量远高于其他国家，达到了40 188件，其技术创新能力较强；其次是美国24 610件、韩国12 115件、中国9 859件、德国1 899件、法国1 234件、英国730件、俄罗斯492件、瑞士43件。

表2-13　2010～2013年九个主要专利来源国在音像技术领域的技术创新情况

专利来源国	发明专利授权量/件	每申请人平均发明专利授权量/（件/人）	每授权发明专利平均发明人数/（人次/件）
日本	40 188	17.21	2.35
美国	24 610	4.82	2.68
中国	9 859	4.13	2.59
韩国	12 115	3.47	2.51
德国	1 899	2.75	2.30
法国	1 234	2.49	2.09
俄罗斯	492	1.51	2.66
英国	730	1.86	2.13
瑞士	43	1.29	2.00

数据来源：EPODOC。

2010～2013年，在音像技术领域，日本的每申请人平均发明专利授权量远高于其他国家，达到了17.21件/人，其有效竞争者的平均专利集中度较高；其次是美国4.82件/人、中国4.13件/人、韩国3.47件/人、德国2.75件/人、法国2.49件/人、英国1.86件/人、俄罗斯1.51件/人、瑞士1.29件/人。

2010～2013年，在音像技术领域，美国的每授权发明专利平均发明人数高于其他国家，达到了2.68人次/件，其每授权发明专利投入的科研人员数量较多，授权发明专利的研究密集程度高；其次是俄罗斯2.66人次/件、中国2.59人次/件、韩国2.51人次/件、日本2.35人次/件、德国2.3人次/件、英国2.13人次/件、法国2.09人次/件、瑞士2人次/件。

综合发明专利授权量、每申请人平均发明专利授权量、每授权发明专利平均发明人数的情况，在音像技术领域，日本的技术创新优势明显。

八、医学技术领域美国的技术创新优势明显

如表2-14所示，2010～2013年，在医学技术领域，美国的发明授权量远高于其他国家，达到了31 394件，其技术创新能力较强；其次是日本12 778件、中国7 200件、俄罗斯7 134件、韩国7 127件、德国3 738件、法国2 349件、英国1 572件、瑞士275件。

表2-14　2010～2013年九个主要专利来源国在医学技术领域的技术创新情况

专利来源国	发明专利授权量/件	每申请人平均发明专利授权量/（件/人）	每授权发明专利平均发明人数/（人次/件）
日本	12 778	5.58	2.50
美国	31 394	3.39	2.82
中国	7 200	1.83	3.28
韩国	7 127	2.06	2.27
德国	3 738	2.90	2.32
法国	2 349	2.17	2.22
俄罗斯	734	2.21	3.61
英国	1 572	1.97	2.22
瑞士	275	1.94	2.33

数据来源：EPODOC。

2010～2013年，在医学技术领域，日本的每申请人平均发明专利授权量高于其他国家，达到了5.58件/人，其有效竞争者的平均专利集中度较高；美国次之，达到了3.39件/人；其次是德国2.90件/人、俄罗斯2.21件/人、法国2.17件/人、韩国2.06件/人、英国1.97件/人、瑞士1.94件/人、中国1.83件/人。

2010～2013年，在医学技术领域，俄罗斯的每授权发明专利平均发明人数高于其他国家，达到了3.61人次/件，其每授权发明专利投入的科研人员数量较多，授权发明专利的研究密集程度高；其次是中国3.28人次/件、美国2.82人次/件、日本2.5人次/件、瑞士2.33人次/件、德国2.32人次/件、韩国2.27人次/件、法国2.22人次/件、英国2.22人次/件。

综合发明专利授权量、每申请人平均发明专利授权量、每授权发明专利平均发明人数的情况，在医学技术领域，美国的技术创新优势明显。

九、数字通信领域美国的技术创新优势明显

如表2-15所示，2010～2013年，在数字通信领域，美国的发明授权量远高于其他国家，达到了38 326件，其技术创新能力较强；其次是中国19 132件、日本14 474件、韩国9 451件、英国1 573件、法国1 432件、德国1 126件、俄罗斯405件、瑞士17件。

表2-15　2010～2013年九个主要专利来源国在数字通信领域的技术创新情况

专利来源国	发明专利授权量/件	每申请人平均发明专利授权量/（件/人）	每授权发明专利平均发明人数/（人次/件）
日本	14 474	19.55	2.44
美国	38 326	8.30	2.81
中国	19 132	4.15	3.24
韩国	9 451	5.02	3.12
德国	1 126	3.28	2.30
法国	1 432	4.07	2.08
俄罗斯	405	1.82	3.11
英国	1 573	4.49	2.32
瑞士	17	1.37	2.12

数据来源：EPODOC。

2010～2013年，在数字通信领域，日本的每申请人平均发明专利授权量高于其他国家，达到了19.55件/人，其有效竞争者的平均专利集中度较高；美国也较高，达到了8.30件/人；其次是韩国5.02件/人、英国4.49件/人、中国4.15件/人、法国4.07件/人、德国3.28件/人、俄罗斯1.82件/人、瑞士1.37件/人。

2010~2013年，在数字通信领域，中国的每授权发明专利平均发明人数高于其他国家，达到了3.24人次/件，其每授权发明专利投入的科研人员数量较多，授权发明专利的研究密集程度高；其次是韩国3.12人次/件、俄罗斯3.11人次/件、美国2.81人次/件、日本2.44人次/件、英国2.32人次/件、德国2.3人次/件、瑞士2.12人次/件、法国2.08人次/件。

综合发明专利授权量、每申请人平均发明专利授权量、每授权发明专利平均发明人数的情况，在数字通信领域，美国的技术创新优势明显。

十、光学领域日本的技术创新优势明显

如表2-16所示，2010～2013年，在光学领域，日本的发明授权量远高于其他国家，达到了44 496件，其技术创新能力较强；其次是美国18 115件、韩国9 082件、中国8 560件、德国2 003件、法国1 275件、俄罗斯747件、英国579件、瑞士73件。

表2-16　2010～2013年九个主要专利来源国在光学领域的技术创新情况

专利来源国	发明专利授权量/件	每申请人平均发明专利授权量/（件/人）	每授权发明专利平均发明人数/（人次/件）
日本	44 496	23.72	2.54
美国	18 115	5.05	2.85
中国	8 560	4.11	3.23
韩国	9 082	4.66	2.92
德国	2 003	3.31	2.63
法国	1 275	3.66	2.65
俄罗斯	747	1.92	3.30
英国	579	1.97	2.35
瑞士	73	1.65	2.19

数据来源：EPODOC。

2010～2013年，在光学领域，日本的每申请人平均发明专利授权量远高于其他国家，达到了23.72件/人，其有效竞争者的平均专利集中度较高；其次是美国5.05件/人、韩国4.66件/人、中国4.11件/人、法国3.66件/人、德国3.31件/人、英国1.97件/人、俄罗斯1.92件/人、瑞士1.65件/人。

2010～2013年，在光学领域，俄罗斯的每授权发明专利平均发明人数高于其他国家，达到3.3人次/件，其每授权发明专利投入的科研人员数量较多，授权发明专利的研究密集程度高；其次是中国3.23人次/件、韩国2.92人次/件、美国2.85人次/件、法国2.65人次/件、德国2.63人次/件、日本2.54人次/件、英国2.35人次/件、瑞士2.19人次/件。

综合发明专利授权量、每申请人平均发明专利授权量、每授权发明专利平均发明人数的情况，在光学领域，日本的技术创新优势明显。

第四节　本章小结

综合以上分析可知：

1. 全球发明专利授权量持续上升，增长态势良好。全球授权发明专利主要来源于美国、日本、中国、韩国。日本有效竞争者的平均专利集中度远高于其他国家。中国的授权发明专利的平均研究密集程度较高。

2. 日本域外专利布局份额较高，在技术流动方面日本处于高位势，中国则处于低位势。美国和中国是全球专利布局的主要市场。

3. 美国、日本、中国在WIPO35的多个技术领域中授权发明专利数量分别位居九国第一。美国计算机、信息技术管理办法、基础通信程序领域在本国的专业化优势明显；日本光学、音像技术领域在本国的专业化优势明显；中国材料/冶金、生物技术、食品化学、基础材料化学领域在本国的专业化优势明显。

4. 在全球发明专利申请公开量最高的前十个领域中，日本和美国的技术创新优势明显。其中在计算机技术、药品、电信、医学技术、数字通信领域美国的技术创新优势明显，在电机/电气装置/电能、半导体、音像技术、光学领域日本的技术创新优势明显，在测量领域中国的技术创新优势明显。

第三章　全球技术创新的主要竞争者

本章在全球主要专利来源国技术创新状况分析的基础上，进一步识别WIPO35技术领域的主要竞争者，并从多角度对其进行分析。

第一节　全球主要竞争者

本节识别WIPO35技术领域的主要竞争者，分析全球企业竞争者的优势技术领域。

一、WIPO35技术领域的主要竞争者

1. WIPO35技术领域发明授权量的前十名共涉及188位申请人

在WIPO划定的35个技术领域中，分别识别出各技术领域发明授权量的前十位申请人；35个技术领域发明授权量的所有前十强共涉及188位申请人，多位申请人分别同时位列多个技术领域发明授权量的前十名。

其中，共有26位申请人分别占据35个技术领域发明授权量的首位。国际商业机器公司（IBM）在信息技术管理办法、计算机技术、半导体三个技术领域的发明授权量居首；高通（QUALCOMM INC）在电信、基础通信程序、数字通信三个技术领域的发明授权量居首（表3-1，表3-2，表3-3，表3-4，表3-5）。

表3-1　2010～2013年电气工程领域发明授权量的前十位申请人

WIPO35技术领域	竞争者	发明专利授权量/件	WIPO35技术领域	竞争者	发明专利授权量/件
电机/电气装置/电能	松下（PANASONIC CORP）	1 752	音像技术	索尼（SONY CORP）	4 253
	三星SDI株式会社（SAMSUNG SDI CO LTD）	1 379		松下（PANASONIC CORP）	2 804
	三菱电机（MITSUBISHI ELECTRIC CORP）	1 291		佳能（CANON KK）	2 666
	鸿海精密（HON HAI PREC IND CO LTD）	1 246		夏普（SHARP KK）	1 755
	丰田汽车（TOYOTA MOTOR CORP）	1 075		东芝（TOSHIBA CORP）	1 709
	三星电机（SAMSUNG ELECTRO MECH）	1 050		鸿海精密（HON HAI PREC IND CO LTD）	1 614

续表

WIPO35技术领域	竞争者	发明专利授权量/件	WIPO35技术领域	竞争者	发明专利授权量/件
电机/电气装置/电能	本田汽车（HONDA MOTOR CO LTD）	1 024	音像技术	三星电子（SAMSUNG ELECTRONICS CO LTD）	1 512
	通用电气（GEN ELECTRIC）	931		三星电机（SAMSUNG ELECTRO MECH）	1 308
	夏普（SHARP KK）	919		鸿富锦精密工业（深圳）有限公司（HONGFUJIN PREC IND SHENZHEN）	1 058
	电装株式会社（DENSO CORP）	881		东芝（TOSHIBA KK）	953
电信	高通（QUALCOMM INC）	2 640	数字通信	高通（QUALCOMM INC）	4 114
	索尼（SONY CORP）	1 903		华为（HUAWEI TECH CO LTD）	3 267
	LG电子（LG ELECTRONICS INC）	1 884		中兴（ZTE CORP）	2 111
	佳能（CANON KK）	1 855		LG电子（LG ELECTRONICS INC）	1 968
	松下（PANASONIC CORP）	1 644		NTT都科摩株式会社（NTT DOCOMO INC）	1 783
	三星电子（SAMSUNG ELECTRONICS CO LTD）	1 498		三星电子（SAMSUNG ELECTRONICS CO LTD）	1 255
	夏普（SHARP KK）	1 347		艾利森电话（ERICSSON TELEFON AB L M）	1 228
	富士通（FUJITSU LTD）	1 291		富士通（FUJITSU LTD）	1 227
	华为（HUAWEI TECH CO LTD）	1 233		日本电气（NEC CORP）	1 005
	东芝（TOSHIBA CORP）	1 172		韩国电子通信研究院（KOREA ELECTRONICS TELECOMM）	939
基础通信程序	高通（QUALCOMM INC）	679	计算机技术	国际商业机器公司（IBM）	7 046
	三星电子（SAMSUNG ELECTRONICS CO LTD）	598		微软（MICROSOFT CORP）	3 469
	松下（PANASONIC CORP）	566		佳能（CANON KK）	2 586
	瑞萨电子株式会社（RENESAS ELECTRONICS CORP）	517		索尼（SONY CORP）	2 516
	索尼（SONY CORP）	428		三星电子（SAMSUNG ELECTRONICS CO LTD）	2 337
	富士通（FUJITSU LTD）	415		谷歌（GOOGLE INC）	2 273
	马维尔（MARVELL INT LTD）	411		富士通（FUJITSU LTD）	1 763
	海力士半导体（HYNIX SEMICONDUCTOR INC）	410		苹果（APPLE INC）	1 745
	国际商业机器公司（IBM）	373		东芝（TOSHIBA KK）	1 721
	德克萨斯仪器（TEXAS INSTRUMENTS INC）	364		日立（HITACHI LTD）	1 659

续表

WIPO35技术领域	竞争者	发明专利授权量/件	WIPO35技术领域	竞争者	发明专利授权量/件
信息技术管理办法	国际商业机器公司（IBM）	441	半导体	国际商业机器公司（IBM）	2 411
	谷歌（GOOGLE INC）	348		三星电子（SAMSUNG ELECTRONICS CO LTD）	2 043
	亚马逊科技（AMAZON TECH INC）	332		台湾半导体（TAIWAN SEMICONDUCTOR MFG）	1 967
	贸易技术国际公司（TRADING TECHNOLOGIES INT INC）	288		半导体能源研究所（SEMICONDUCTOR ENERGY LAB）	1 949
	雅虎日本（YAHOO JAPAN CORP）	274		海力士半导体（HYNIX SEMICONDUCTOR INC）	1 737
	微软（MICROSOFT CORP）	264		东京电子（TOKYO ELECTRON LTD）	1 663
	美国银行公司（BANK OF AMERICA）	256		东芝（TOSHIBA KK）	1 567
	日立（HITACHI LTD）	217		索尼（SONY CORP）	1 333
	电子湾（EBAY INC）	204		瑞萨电子株式会社（RENESAS ELECTRONICS CORP）	1 324
	美国联合服务汽车协会（USAA）	204		松下（PANASONIC CORP）	1 175

数据来源：EPODOC。

表3-2　2010～2013年仪器领域发明授权量的前十位申请人

WIPO35技术领域	竞争者	发明专利授权量/件	WIPO35技术领域	竞争者	发明专利授权量/件
光学	佳能（CANON KK）	4 354	测量	电装株式会社（DENSO CORP）	883
	夏普（SHARP KK）	2 803		西门子（SIEMENS AG）	790
	理光株式会社（RICOH CO LTD）	1 906		通用电气（GEN ELECTRIC）	647
	富士施乐（FUJI XEROX CO LTD）	1 650		浙江大学（UNIV ZHEJIANG）	621
	兄弟株式会社（BROTHER IND LTD）	1 528		博世（BOSCH GMBH ROBERT）	587
	索尼（SONY CORP）	1 421		北京航空航天大学（UNIV BEIHANG）	548
	爱普生（SEIKO EPSON CORP）	1 388		泰勒斯（THALES SA）	536
	三星电子（SAMSUNG ELECTRONICS CO LTD）	1 322		松下（PANASONIC CORP）	535
	富士胶片（FUJIFILM CORP）	1 322		霍尼韦尔（HONEYWELL INT INC）	533
	柯尼卡美能达（KONICA MINOLTA BUSINESS TECH）	1 128		三菱电机（MITSUBISHI ELECTRIC CORP）	523

续表

WIPO35技术领域	竞争者	发明专利授权量/件	WIPO35技术领域	竞争者	发明专利授权量/件
生物材料分析	加利福尼亚大学（UNIV CALIFORNIA）	130	控制	电装株式会社（DENSO CORP）	512
	健泰科生物（GENENTECH INC）	92		丰田汽车（TOYOTA MOTOR CORP）	417
	木工技术（G OBRAZOVATEL NOE UCHREZHDENIE）	81		本田汽车（HONDA MOTOR CO LTD）	413
	希森美康株式会社（SYSMEX CORP）	81		东芝泰格（TOSHIBA TEC KK）	378
	松下（PANASONIC CORP）	81		三菱电机（MITSUBISHI ELECTRIC CORP）	349
	雅培糖尿病护理公司（ABBOTT DIABETES CARE INC）	75		霍尼韦尔（HONEYWELL INT INC）	314
	国家科研中心（CENTRE NAT RECH SCIENT）	68		国际商业机器公司（IBM）	311
	韩国科学技术院（KOREA ADVANCED INST SCI & TECH）	68		日立（HITACHI LTD）	299
	韩国生命工学研究院（KOREA RES INST OF BIOSCIENCE）	56		松下（PANASONIC CORP）	261
	生命科技公司（LIFE TECHNOLOGIES CORP）	56		鸿海精密（HON HAI PREC IND CO LTD）	233

数据来源：EPODOC。

表3-3　2010～2013年化学领域发明授权量的前十位申请人

WIPO35技术领域	竞争者	发明专利授权量/件	WIPO35技术领域	竞争者	发明专利授权量/件
医学技术	科维蒂恩（COVIDIEN LP）	898	有机精细化学	欧莱雅（OREAL）	1 218
	西门子（SIEMENS AG）	671		中石化（CHINA PETROLEUM & CHEMICAL）	630
	美敦力（MEDTRONIC INC）	646		杜邦（DU PONT）	436
	富士胶片（FUJIFILM CORP）	629		住友化学（SUMITOMO CHEMICAL CO）	350
	泰科保健（TYCO HEALTHCARE）	551		花王（KAO CORP）	333
	心脏起搏器公司（CARDIAC PACEMAKERS INC）	536		资生堂（SHISEIDO CO LTD）	308
	奥林巴斯医疗株式会社（OLYMPUS MEDICAL SYSTEMS CORP）	526		巴斯夫（BASF SE）	257
	东芝医疗系统公司（TOSHIBA MEDICAL SYS CORP）	517		中石化上海石化研究院（SINOPEC SHANGHAI RES INST）	242
	波士顿科学西美得（BOSTON SCIENT SCIMED INC）	489		环球油品（UOP LLC）	222
	伊西康内外科公司（ETHICON ENDO SURGERY INC）	431		普罗格特-甘布尔公司（PROCTER & GAMBLE）	205

续表

WIPO35技术领域	竞争者	发明专利授权量/件	WIPO35技术领域	竞争者	发明专利授权量/件
生物技术	先锋国际良种公司（PIONEER HI BRED INT）	990	药品	诺华（NOVARTIS AG）	798
	孟山都（MONSANTO TECHNOLOGY LLC）	968		默克·夏普-道姆公司（MERCK SHARP & DOHME）	519
	浙江大学（UNIV ZHEJIANG）	288		布里斯托尔－迈尔斯斯奎布公司（SQUIBB BRISTOL MYERS CO）	411
	江南大学（UNIV JIANGNAN）	273		健泰科生物（GENENTECH INC）	365
	中国农业大学（UNIV CHINA AGRICULTURAL）	254		伊莱利利（LILLY CO ELI）	356
	杜邦（DU PONT）	224		赛诺菲（SANOFI AVENTIS）	316
	南京农业大学（UNIV NANJING AGRICULTURAL）	218		阿斯利康（瑞典）有限公司（ASTRAZENECA AB）	315
	布鲁尔（STINE SEED FARM INC）	195		霍夫曼-拉罗奇有限公司（HOFFMANN LA ROCHE）	293
	辛根塔（SYNGENTA PARTICIPATIONS AG）	176		阿勒根（ALLERGAN INC）	276
	诺维信（NOVOZYMES AS）	154		詹森药业有限公司（JANSSEN PHARMACEUTICA NV）	268
高分子化学/聚合物	信越化学（SHINETSU CHEMICAL CO）	521	食品化学	KVASENKOV OLEG IVANOVICH	10 234
	中石化（CHINA PETROLEUM & CHEMICAL）	494		先锋国际良种公司（PIONEER HI BRED INT）	1 161
	杜邦（DU PONT）	427		孟山都（MONSANTO TECHNOLOGY LLC）	972
	陶氏环球技术有限责任公司（DOW GLOBAL TECHNOLOGIES LLC）	385		AKHMEDOV MAGOMED EHMINOVICH	632
	富士胶片（FUJIFILM CORP）	343		木工技术（G OBRAZOVATEL NOE UCHREZHDENIE）	239
	住友化学（SUMITOMO CHEMICAL CO）	332		江南大学（UNIV JIANGNAN）	238
	LG化学（LG CHEMICAL LTD）	308		伊利（INNER MONGOLIA YILI IND GROUP）	225
	第一毛织株式会社（CHEIL IND INC）	305		布鲁尔（STINE SEED FARM INC）	204
	三井化学（MITSUI CHEMICALS INC）	295		辛根塔（SYNGENTA PARTICIPATIONS AG）	184
	捷时雅（JSR CORP）	274		浙江大学（UNIV ZHEJIANG）	172

续表

WIPO35技术领域	竞争者	发明专利授权量/件	WIPO35技术领域	竞争者	发明专利授权量/件
基础材料化学	中石化（CHINA PETROLEUM & CHEMICAL）	831	材料/冶金	SHCHEPOCHKINA JULIJA ALEKSEEVNA	1 476
	孟山都（MONSANTO TECHNOLOGY LLC）	493		新日本制铁株式会社（NIPPON STEEL CORP）	606
	富士胶片（FUJIFILM CORP）	426		杰富意钢铁（JFE STEEL CORP）	587
	ZAKHAROV JURIJ VASIL EVICH	417		神户制钢（KOBE STEEL LTD）	524
	日东电工（NITTO DENKO CORP）	406		浦项（POSCO）	500
	杜邦（DU PONT）	403		现代制铁（HYUNDAI STEEL CO）	484
	3M（3M INNOVATIVE PROPERTIES CO）	287		住友金属（SUMITOMO METAL IND）	360
	住友化学（SUMITOMO CHEMICAL CO）	282		中南大学（UNIV CENTRAL SOUTH）	335
	中石化石油化工研究院（SINOPEC RES INST PETROLEUM）	265		北京科技大学（UNIV BEIJING SCIENCE & TECH）	334
	中国石油天然气（PETROCHINA CO LTD）	257		宝山钢铁（BAOSHAN IRON & STEEL）	306
表面加工技术/涂层	东京电子（TOKYO ELECTRON LTD）	750	微观结构和纳米技术	清华大学（UNIV TSINGHUA）	160
	日东电工（NITTO DENKO CORP）	376		法国原子能委员会（COMMISSARIAT ENERGIE ATOMIQUE）	124
	富士胶片（FUJIFILM CORP）	359		鸿海精密（HON HAI PREC IND CO LTD）	110
	应用材料（APPLIED MATERIALS INC）	314		国际商业机器公司（IBM）	100
	大日本印刷（DAINIPPON PRINTING CO LTD）	311		韩国科学技术院（KOREA ADVANCED INST SCI & TECH）	77
	杜邦（DU PONT）	290		高丽大学校产学协力团（UNIV KOREA RES & BUS FOUND）	70
	鸿海精密（HON HAI PREC IND CO LTD）	278		首尔大学校产学协力团（SNU R&DB FOUNDATION）	67
	3M（3M INNOVATIVE PROPERTIES CO）	256		韩国科学技术院（KOREA INST SCI & TECH）	64
	神户制钢（KOBE STEEL LTD）	237		三星电子（SAMSUNG ELECTRONICS CO LTD）	62
	松下（PANASONIC CORP）	236		上海交通大学（UNIV SHANGHAI JIAOTONG）	62

续表

WIPO35技术领域	竞争者	发明专利授权量/件	WIPO35技术领域	竞争者	发明专利授权量/件
化学工程	中石化（CHINA PETROLEUM & CHEMICAL）	974	环境技术	丰田汽车（TOYOTA MOTOR CORP）	308
	东京电子（TOKYO ELECTRON LTD）	292		通用环球（GM GLOBAL TECH OPERATIONS INC）	306
	浙江大学（UNIV ZHEJIANG）	259		丰田有限（TOYOTA MOTOR CO LTD）	278
	中石化上海石化研究院（SINOPEC SHANGHAI RES INST）	239		通用电气（GEN ELECTRIC）	272
	通用电气（GEN ELECTRIC）	232		中石化（CHINA PETROLEUM & CHEMICAL）	250
	中石化石油化工研究院（SINOPEC RES INST PETROLEUM）	220		本田汽车（HONDA MOTOR CO LTD）	244
	环球油品（UOP LLC）	220		KOCHETOV OLEG SAVEL EVICH	226
	中石化抚顺石化研究院（SINOPEC FUSHUN RES INST PET）	194		南京大学（UNIV NANJING）	223
	南京大学（UNIV NANJING）	190		三菱重工（MITSUBISHI HEAVY IND LTD）	220
	清华大学（UNIV TSINGHUA）	185		浙江大学（UNIV ZHEJIANG）	218

数据来源：EPODOC。

表3-4　2010～2013年机械工程领域发明授权量的前十位申请人

WIPO35技术领域	竞争者	发明专利授权量/件	WIPO35技术领域	竞争者	发明专利授权量/件
装卸	佳能（CANON KK）	532	机床	博世（BOSCH GMBH ROBERT）	560
	吉野工业所（YOSHINO KOGYOSHO CO LTD）	455		本田汽车（HONDA MOTOR CO LTD）	389
	兄弟株式会社（BROTHER IND LTD）	436		现代制铁（HYUNDAI STEEL CO）	375
	克朗斯（KRONES AG）	326		新日本制铁株式会社（NIPPON STEEL CORP）	345
	理光株式会社（RICOH CO LTD）	325		牧田株式会社（MAKITA CORP）	338
	日立（HITACHI LTD）	312		通用电气（GEN ELECTRIC）	320
	爱普生（SEIKO EPSON CORP）	265		神户制钢（KOBE STEEL LTD）	296
	富士施乐（FUJI XEROX CO LTD）	217		杰富意钢铁（JFE STEEL CORP）	282
	京瓷美达株式会社（KYOCERA MITA CORP）	204		浦项（POSCO）	245
	柯尼卡美能达（KONICA MINOLTA BUSINESS TECH）	204		住友金属（SUMITOMO METAL IND）	210

续表

WIPO35技术领域	竞争者	发明专利授权量/件	WIPO35技术领域	竞争者	发明专利授权量/件
发动机/泵/涡轮机	通用电气（GEN ELECTRIC）	1 583	纺织和造纸器械	爱普生（SEIKO EPSON CORP）	1 851
	丰田汽车（TOYOTA MOTOR CORP）	1 414		佳能（CANON KK）	1 704
	本田汽车（HONDA MOTOR CO LTD）	1 389		兄弟株式会社（BROTHER IND LTD）	1 539
	电装株式会社（DENSO CORP）	1 200		理光株式会社（RICOH CO LTD）	881
	通用环球（GM GLOBAL TECH OPERATIONS INC）	821		富士胶片（FUJIFILM CORP）	725
	丰田有限（TOYOTA MOTOR CO LTD）	707		施乐（XEROX CORP）	584
	国家航空马达研究及制造院（SNECMA）	683		富士施乐（FUJI XEROX CO LTD）	451
	三菱重工（MITSUBISHI HEAVY IND LTD）	675		柯达（EASTMAN KODAK CO）	429
	博世（BOSCH GMBH ROBERT）	648		柯尼卡美能达（KONICA MINOLTA BUSINESS TECH）	372
	福特全球技术公司（FORD GLOBAL TECH LLC）	590		西尔弗布鲁克研究股份有限公司（SILVERBROOK RES PTY LTD）	358
其他专用机械	迪尔（DEERE & CO）	379	热工过程和设备	三菱电机（MITSUBISHI ELECTRIC CORP）	911
	久保田株式会社（KUBOTA KK）	306		大金工业（DAIKIN IND LTD）	810
	康宁（CORNING INC）	271		LG电子（LG ELECTRONICS INC）	531
	三星钻石（MITSUBOSHI DIAMOND IND CO LTD）	267		松下（PANASONIC CORP）	528
	井关农机株式会社（ISEKI AGRICULT MACH）	264		夏普（SHARP KK）	326
	富士胶片（FUJIFILM CORP）	264		林内株式会社（RINNAI KK）	272
	米其林（MICHELIN RECH TECH）	203		通用电气（GEN ELECTRIC）	196
	雷西昂公司（RAYTHEON CO）	201		三洋电机（SANYO ELECTRIC CO）	173
	旭硝子株式会社（ASAHI GLASS CO LTD）	200		日立空调（HITACHI APPLIANCES INC）	169
	日东电工（NITTO DENKO CORP）	198		电装株式会社（DENSO CORP）	145
机械元件	本田汽车（HONDA MOTOR CO LTD）	1 110	运输	本田汽车（HONDA MOTOR CO LTD）	3 865
	通用环球（GM GLOBAL TECH OPERATIONS INC）	903		丰田汽车（TOYOTA MOTOR CORP）	1 989
	丰田汽车（TOYOTA MOTOR CORP）	787		标致雪铁龙（PEUGEOT CITROEN AUTOMOBILES SA）	1 853
	ZF腓德烈斯哈芬股份公司（ZAHNRADFABRIK FRIEDRICHSHAFEN）	672		现代汽车（HYUNDAI MOTOR CO LTD）	1 450
	NTN株式会社（NTN TOYO BEARING CO LTD）	542		电装株式会社（DENSO CORP）	1 216
	博世（BOSCH GMBH ROBERT）	458		通用环球（GM GLOBAL TECH OPERATIONS INC）	1 144
	现代汽车（HYUNDAI MOTOR CO LTD）	426		丰田有限（TOYOTA MOTOR CO LTD）	1 142
	舍弗勒技术（SCHAEFFLER TECHNOLOGIES AG）	417		尼桑（NISSAN MOTOR）	867
	捷太格特株式会社（JTEKT CORP）	408		博世（BOSCH GMBH ROBERT）	799
	丰田有限（TOYOTA MOTOR CO LTD）	406		米其林（MICHELIN RECH TECH）	710

数据来源：EPODOC。

表3-5　2010～2013年其他领域发明授权量的前十位申请人

WIPO35技术领域	竞争者	发明专利授权量/件	WIPO35技术领域	竞争者	发明专利授权量/件
家具游戏	京乐产业株式会社（KYORAKU SANGYO KK）	1 929	其他消费品	KVASENKOV OLEG IVANOVICH	1 951
	科乐美数码娱乐株式会社（KONAMI DIGITAL ENTERTAINMENT）	848		LG电子（LG ELECTRONICS INC）	893
	三共株式会社（SANKYO CO）	843		博世和西门子家用器具（BSH BOSCH SIEMENS HAUSGERAETE）	609
	三洋制品（SANYO PRODUCT CO LTD）	654		松下（PANASONIC CORP）	463
	萨米公司（SAMMY CORP）	625		雅马哈（YAMAHA CORP）	333
	不二商事株式会社（FUJI SHOJI CO LTD）	572		欧莱雅（OREAL）	328
	索菲亚（SOPHIA CO LTD）	491		耐克（NIKE INC）	245
	第一商会株式会社（DAIICHI SHOKAI KK）	422		合肥华凌（HEFEI HUALING CO LTD）	240
	博世和西门子家用器具（BSH BOSCH SIEMENS HAUSGERAETE）	408		日立空调（HITACHI APPLIANCES INC）	195
	NEWGIN CO LTD	399		合肥美的荣事达电冰箱有限公司（HEFEI MIDEA ROYALSTAR REFRIGER）	182
土木工程	贝克休斯公司（BAKER HUGHES INC）	874	土木工程	小松制作所（KOMATSU MFG CO LTD）	253
	哈里伯顿能源服务（HALLIBURTON ENERGY SERV INC）	694		韩国建筑技术研究院（KOREA INST CONSTRUCTION TECH）	244
	TATNEFT IM V D SHASHINA AOOT	670		韦特福特/兰姆有限公司（WEATHERFORD LAMB）	225
	施蓝姆伯格技术公司（SCHLUMBERGER TECHNOLOGY CORP）	514		松下电工（PANASONIC ELEC WORKS CO LTD）	222
	日立建机（HITACHI CONSTRUCTION MACHINERY）	317		大成建设株式会社（TAISEI CORP）	205

数据来源：EPODOC。

2. 松下等十家企业在六个以上技术领域的发明授权量均进入前十名

分析位列WIPO35各技术领域发明授权量前十名的188位申请人发现，发明授权量同时进入六个以上技术领域的申请人共有十个，包括松下、三星电子、本田汽车、通用电气、富士胶片、佳能、索尼、国际商业机器公司、丰田汽车、电装株式会社（表3-6）。

前述十位申请人全部为国外企业，其中七席由日本占据，美国和韩国分别占据两席和一席。松下在11个技术领域的发明授权量，均进入发明授权量的前十名，体现了很强的创新能力和综合竞争力（表3-7）。

表3-6　2010～2013年发明授权量在六个以上技术领域均位列前十的申请人

企业名称	涉及技术领域数/个	国籍
松下	11	日本
三星电子	8	韩国
本田汽车	7	日本
通用电气	7	美国
富士胶片	7	日本
佳能	6	日本
索尼	6	日本
国际商业机器公司	6	美国
丰田汽车	6	日本
电装株式会社	6	日本

数据来源：EPODOC。

表3-7　2010～2013年发明授权量在两个以上技术领域均位列前十的申请人

竞争者	涉及技术领域数/个	竞争者	涉及技术领域数/个
松下	11	通用环球	4
三星电子	8	高通	3
本田汽车	7	爱普生	3
通用电气	7	理光株式会社	3
富士胶片	7	孟山都	3
佳能	6	神户制钢	3
索尼	6	日东电工	3
国际商业机器公司	6	柯尼卡美能达	3
丰田汽车	6	东京电子	3
电装株式会社	6	兄弟株式会社	3
博世	5	富士施乐	3
中石化	5	住友化学	3
鸿海精密	5	韩国科学技术院	3
浙江大学	5	健泰科生物	2
杜邦	5	住友金属	2
夏普	5	浦项	2
东芝	5	海力士半导体	2
丰田有限	4	欧莱雅	2
富士通	4	三菱重工	2
日立	4	南京大学	2
LG电子	4	辛根塔	2
三菱电机	4	霍尼韦尔	2

续表

竞争者	涉及技术领域数/个	竞争者	涉及技术领域数/个
先锋国际良种公司	2	米其林	2
江南大学	2	清华大学	2
日立空调	2	中石化石油化工研究院	2
现代汽车	2	瑞萨电子株式会社	2
博世和西门子家用器具	2	微软	2
华为	2	三星电机	2
3M	2	新日本制铁株式会社	2
杰富意钢铁	2	谷歌	2
西门子	2	布鲁尔	2
中石化上海石化研究院	2	KVASENKOV OLEG IVANOVICH	2
木工技术	2	现代制铁	2
环球油品	2		

数据来源：EPODOC。

二、全球企业竞争者的优势技术领域[①]

1. 音像技术等11个技术领域是松下的优势技术领域

2010～2013年，松下在11个技术领域的发明授权量均位居前十名，11个技术领域为电机/电气装置/电能、电信、基础通信程序、生物材料分析、表面加工技术/涂层、音像技术、半导体、测量、控制、热工过程和设备、其他消费品。在电机/电气装置/电能领域的所有申请人中，松下的发明授权量最高；在音像技术领域的所有申请人中，松下的发明授权量为2 804件，位居第二。此外，松下在电信和半导体领域的发明授权量也超过了1 000件（图3-1）。

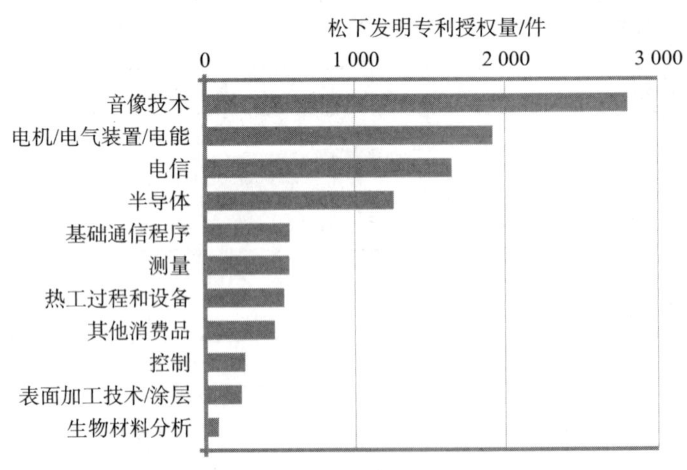

图3-1　2010～2013年松下的优势技术领域

数据来源：EPODOC。

① 本部分基于发明授权量在6个以上WIPO公布的技术领域均位列前十的企业，作为全球企业竞争者进行分析。

2. 计算机技术等八个技术领域是三星电子的优势技术领域

三星电子在计算机技术、半导体、音像技术、电信、光学、数字通信、基础通信程序、微观结构和纳米技术八个领域的发明授权量，均位列前十名；三星电子在计算机技术领域的发明授权量位居第五，低于全球企业竞争者中的国际商业机器公司、佳能和索尼（图3-2）。

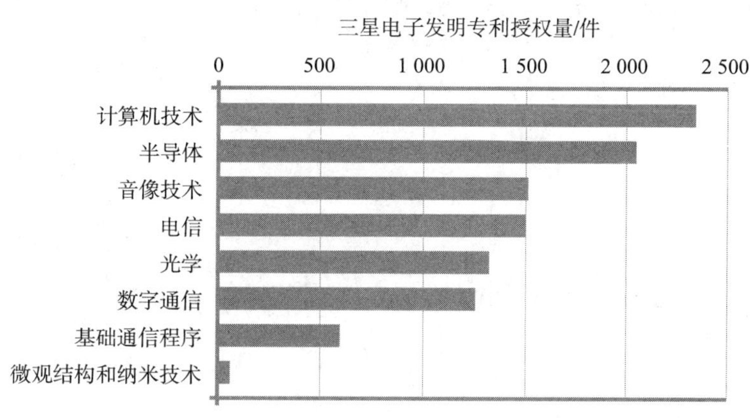

图3-2　2010～2013年三星电子的优势技术领域

数据来源：EPODOC。

3. 运输等七个技术领域是本田汽车的优势技术领域

本田汽车在七个技术领域的发明授权量均位居前十名。在运输领域的所有申请人中，本田汽车的发明授权量为3 865件，位列首位；在机械元件领域的发明授权量也位列首位。此外，本田汽车在发动机/泵/涡轮机、电机/电气装置/电能、控制、机床、环境技术领域的发明授权量，均位列前十名（图3-3）。

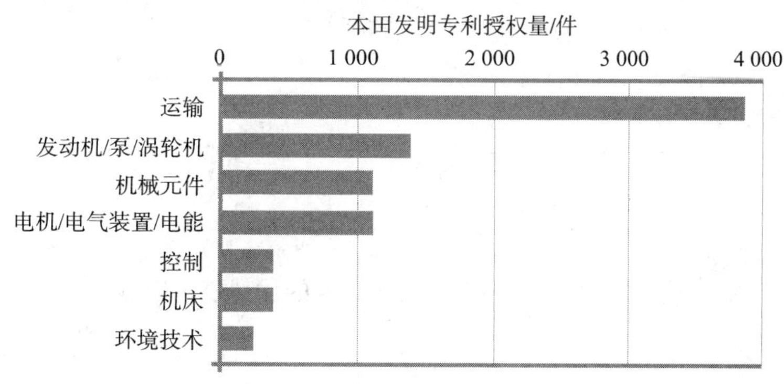

图3-3　2010～2013年本田汽车的优势技术领域

数据来源：EPODOC。

4. 发动机/泵/涡轮机等七个技术领域是通用电气的优势技术领域

在发动机/泵/涡轮机领域的所有申请人中，通用电气的发明授权量为1 583件，位列首位。通用电气在测量领域的发明授权量位列第三，在电机/电气装置/电能、机床、环境技术、化学工程、热工过程和设备五个技术领域的发明授权量均位列前十名（图3-4）。

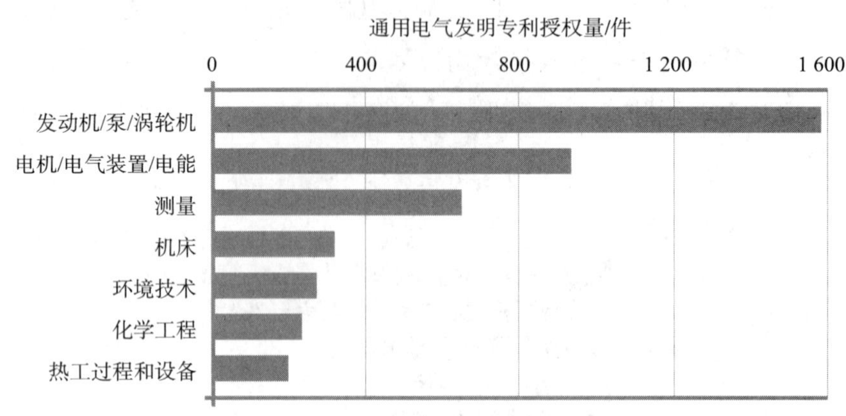

图3-4　2010～2013年通用电气的优势技术领域

数据来源：EPODOC。

5. 光学等七个技术领域是富士胶片的优势技术领域

富士胶片在七个技术领域的发明授权量均位列前十名，这七个技术领域为光学、纺织和造纸器械、医学技术、基础材料化学、表面加工技术/涂层、高分子化学/聚合物、其他专用机械。富士胶片在基础材料化学和表面加工技术/涂层领域的发明授权量，虽然仅为426件和359件，但均位列第三名（图3-5）。

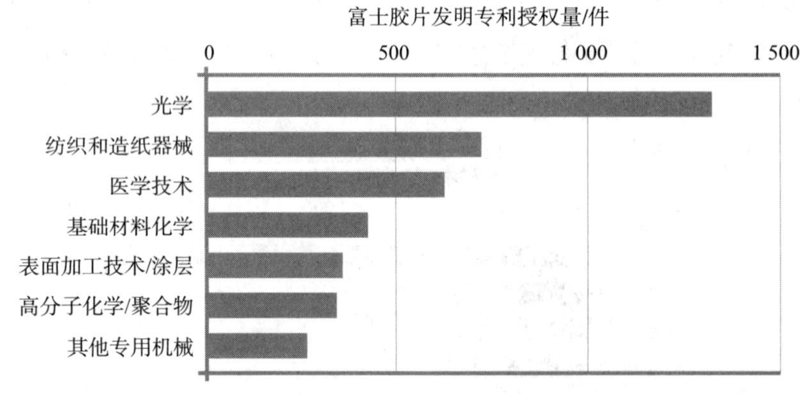

图3-5　2010～2013年富士胶片的优势技术领域

数据来源：EPODOC。

6. 光学等六个技术领域是佳能的优势技术领域

佳能在光学领域的发明授权量远高于包括索尼、三星电子和富士胶片在内的其他申请人，发明授权量达到4 354件。佳能在装卸领域的发明授权量也位居首位。此外，佳能在计算机技术、音像技术、电信、纺织和造纸机械领域发明授权量，也进入前十名（图3-6）。

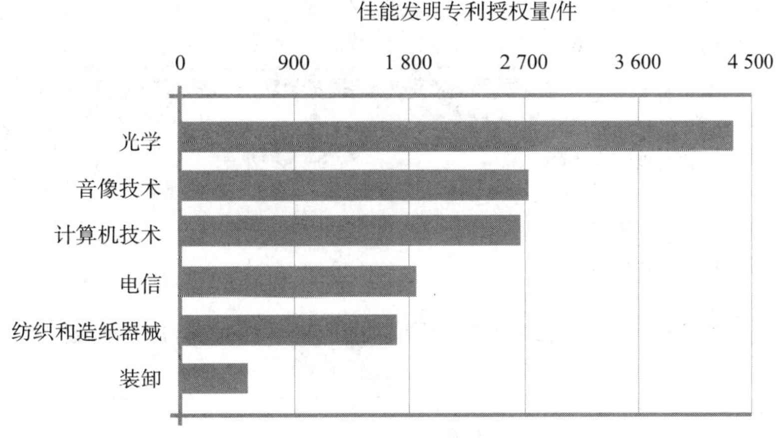

图3-6　2010～2013年佳能的优势技术领域

数据来源：EPODOC。

7. 音像技术等六个技术领域是索尼的优势技术领域

在音像技术领域的所有申请人中，索尼的发明授权量位居首位。索尼在电信领域的发明授权量也位居第二。同时，索尼在计算机技术、光学、半导体和基础通信程序等领域的发明授权量，也分别位居前十名（图3-7）。

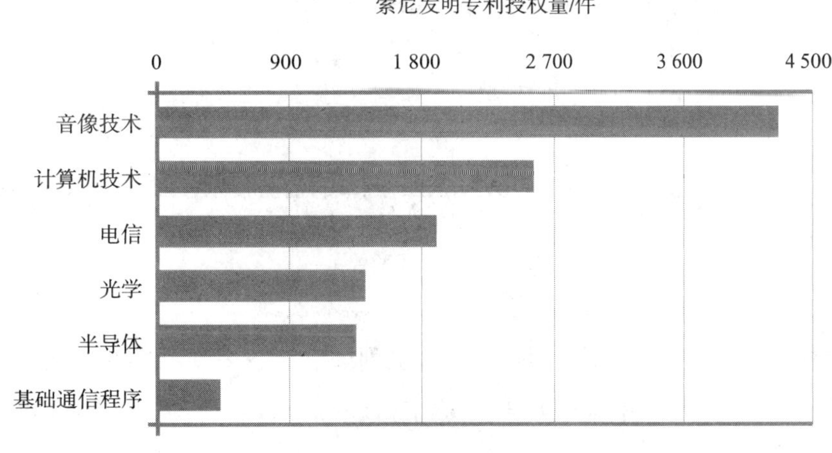

图3-7　2010～2013年索尼的优势技术领域

数据来源：EPODOC。

8. 计算机技术等六个技术领域是国际商业机器公司的优势技术领域

在计算机技术、信息技术管理办法和半导体领域中，国际商业机器公司的发明授权量均高于其他申请人，位居首位。并且，国际商业机器公司在计算机技术领域的发明授权量，远高于发明授权量位列第二至第十名的申请人。此外，国际商业机器公司在基础通信程序、控制、微观结构和纳米技术领域的发明授权量，均位于前十位（图3-8）。

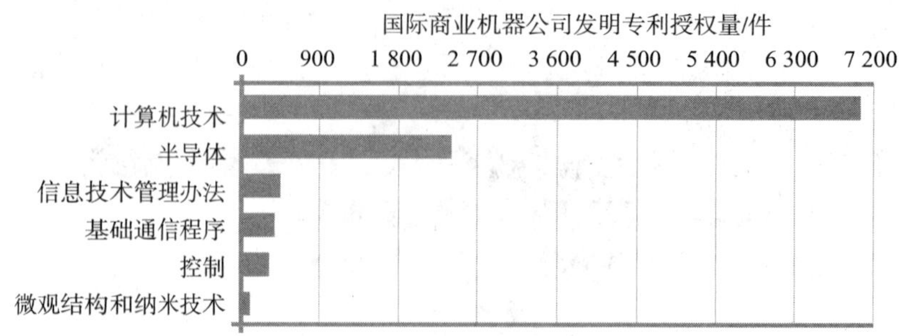

图3-8　2010～2013年国际商业机器公司的优势技术领域

数据来源：EPODOC。

9. 运输等六个技术领域是丰田汽车的优势技术领域

丰田汽车共有六个技术领域的发明授权量均位列前十名，这六个技术领域为运输、发动机/泵/涡轮机、电机/电气装置/电能、机械元件、控制和环境技术；其中，在环境技术领域的所有申请人中，丰田汽车的发明授权量位居首位（图3-9）。

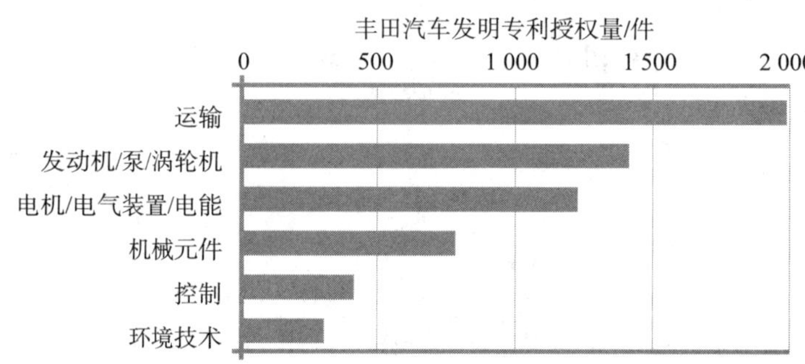

图3-9　2010～2013年丰田汽车的优势技术领域

数据来源：EPODOC。

10. 运输等六个技术领域是电装株式会社的优势技术领域

电装株式会社在六个技术领域的发明授权量位列前十，这六个技术领域是运输、发动机/泵/涡轮机、测量、电机/电气装置/电能、控制、热工过程和设备；其中，电装株式会社在测量和控制领域的发明授权量，均位列首位（图3-10）。

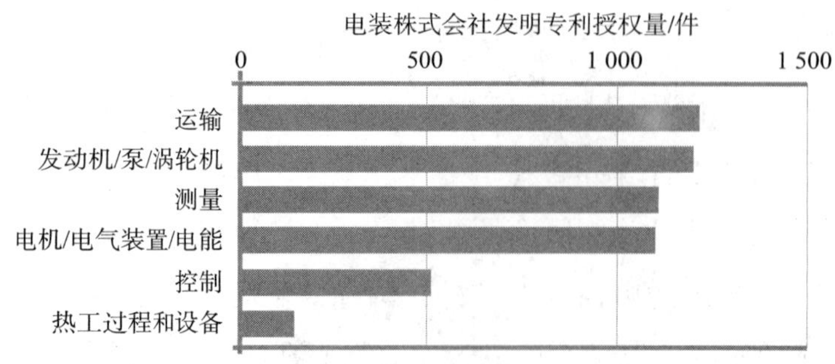

图3-10　2010～2013年电装株式会社的优势技术领域

数据来源：EPODOC。

第二节　WIPO35分领域全球主要竞争者的特点

本节从申请人类型、技术创新情况、国籍分布等角度，对WIPO35分领域全球主要竞争者进行分析。

一、21个技术领域发明授权量最高的申请人全部是企业

WIPO35分领域发明授权量排名前十的申请人均包括企业，其中21个技术领域发明授权量最高的申请人全部是企业，处于绝对领先位置；九个技术领域发明授权量位居前十的申请人包括高校，六个技术领域发明授权量位居前十的申请人包括科研机构，六个技术领域发明授权量位居前十的申请人包括个人。

中国企业申请人中石化在高分子化学/聚合物、基础材料化学、化学工程、有机精细化学、环境技术五个技术领域中位居发明授权量前十名；另一中国企业申请人鸿海精密在电机/电气装置/电能、表面加工技术/涂层、音像技术、控制、微观结构和纳米技术五个技术领域中均位居发明授权量前十名。中国高校申请人浙江大学在生物技术、化学工程、测量、食品化学、环境技术五个技术领域的发明授权量均为前十名。

另外，中国企业申请人华为，中国高校申请人南京大学、江南大学和清华大学，以及中国科研机构申请人中石化上海石化研究院和中石化石油化工研究院，均分别在两个技术领域的发明授权量位列前十名。

在生物技术和化学工程领域发明授权量位居前十名的申请人中，高校申请人分别占据四个和三个席位，科研机构在微观结构和纳米技术、生物材料分析领域技术竞争优势较强，个人在食品化学领域的技术竞争优势较强（表3-8）。

表3-8　2010～2013年WIPO35技术领域发明授权量前十名申请人的类型　/件

技术领域	企业	高校	科研机构	个人	技术领域	企业	高校	科研机构	个人
电机/电气装置/电能	10				基础材料化学	8		1	1
音像技术	10				材料/冶金	7	2		1
电信	10				表面加工技术/涂层	10			
数字通信	10				微观结构和纳米技术	4	2	4	
基础通信程序	10				化学工程	5	3	2	
计算机技术	10				环境技术	7	2		1
信息技术管理方法	10				装卸	10			
半导体	9		1		机床	9	1		

续表

技术领域	企业	高校	科研机构	个人
光学	10			
测量	8	2		
生物材料分析	6	1	3	
控制	10			
医学技术	10			
有机精细化学	9		1	
生物技术	6	4		
药品	10			
高分子化学/聚合物	10			
食品化学	6	2		2
发动机/泵/涡轮机	10			
纺织和造纸器械	10			
其他专用机械	10			
热工过程和设备	10			
机械元件	10			
运输	10			
家具游戏	10			
其他消费品	9			1
土木工程	9			1

二、WIPO35分领域[①]主要竞争者的技术创新情况

1. 计算机技术领域中国际商业机器公司的技术创新优势明显

2010～2013年，在计算机技术领域发明授权量前十名的申请人中，国际商业机器公司的发明专利授权量为7 046件，远高于其他九位申请人，技术创新能力占绝对优势（表3-9）。

表3-9　2010～2013年计算机技术领域发明授权量前十名申请人的技术创新情况

计算机技术领域竞争者	发明专利授权量/件	发明人总数/人	每发明人平均发明专利授权/（件/人）	每授权发明专利平均发明人数/（人次/件）
国际商业机器公司	7 046	10 725	0.66	3.46
微软	3 469	7 611	0.46	3.68
佳能	2 586	1 925	1.34	1.56
索尼	2 516	2 903	0.87	2.57
三星电子	2 337	3 781	0.62	2.94
谷歌	2 273	2 812	0.81	2.73
富士通	1 763	2 033	0.87	2.52
苹果	1 745	1 871	0.93	3
东芝	1 721	1 674	1.03	2.37
日立	1 659	1 963	0.85	2.89

同时，国际商业机器公司授权发明的发明人总数为10 725人，微软的发明人总数为7 611人，其他申请人授权发明的发明人总数均在4 000人以下。国际商业机器公司授权发明的科研人员规模最大，技术创新实力最强。

① 本节将以全球申请公开量最高、创新活力最强的前五个领域为例进行分析，具体领域包括：计算机技术、电机/电气装置/电能、半导体、药品、测量。

就每发明人平均发明专利授权量而言，佳能和东芝的每发明人平均发明专利授权量均大于1件/人，它们的平均有效创新效率较高。仅有微软的每发明人平均发明专利授权量为0.5件/人以下。

每授权发明专利平均发明人数在3人次/件以上的申请人为微软、国际商业机器公司、苹果，其授权发明专利的研究密集程度较高。

可以看出，国际商业机器公司的技术创新能力及技术创新实力均最强；佳能和东芝的平均有效创新效率较高，微软的研究密集程度最高。综合来看，计算机技术领域中国际商业机器公司的技术创新优势明显。

2. 电机/电气装置/电能领域中松下的技术创新优势明显

在2010～2013年电机/电气装置/电能领域发明授权量前十名的申请人中，松下的发明专利授权量最大，为1 752件，其技术创新能力较强。

同时，松下授权发明的发明人总数为2 496人，其他申请人的发明人总数均在1 600人以下；松下授权发明的科研人员规模最大，技术创新实力最强。

鸿海精密和夏普的每发明人平均发明专利授权量均大于1件/人，它们的平均有效创新效率较高；最低的通用电气每发明人平均发明专利授权量仅为0.6件/人。

每授权发明专利平均发明人数在3人次/件以上的申请人为三星电机、松下、通用电气、三菱电机，其授权发明专利的研究密集程度较高。

可以看出，松下的技术创新能力及技术创新实力均最强；鸿海精密的平均有效创新效率较高。综合来看，电机/电气装置/电能领域中松下的技术创新优势明显（表3-10）。

表3-10　2010～2013年电机/电气装置/电能领域发明授权量前十名申请人的技术创新情况

电机/电气装置/电能领域竞争者	发明专利授权量/件	发明人总数/人	每发明人平均发明专利授权/（件/人）	每授权发明专利平均发明人数/（人次/件）
松下	1 752	2 496	0.7	3.32
三星SDI株式会社	1 379	1 464	0.94	2.97
三菱电机	1 291	1 493	0.86	3.27
鸿海精密	1 246	1 159	1.08	2.24
丰田汽车	1 075	1 534	0.7	2.84
三星电机	1 050	1 112	0.94	4.03
本田汽车	1 024	1 101	0.93	2.74
通用电气	931	1 548	0.6	3.28
夏普	919	915	1	2.39
电装株式会社	881	1 008	0.87	2.47

3. 半导体领域中国际商业机器公司的技术创新优势明显

在2010～2013年半导体领域发明授权量前十名的申请人中，国际商业机器公司的发明专利授权量最大，为2 411件，其技术创新能力较强。

三星电子授权发明的发明人总数为3 581人，台湾半导体、国际商业机器公司的发明人总数分别为2 640人和2 321人，其他申请人的发明人总数均在2 000人以下；三星电子授权发明的科研人员规模最大，技术创新实力最强。

半导体能源研究所、海力士半导体、东芝、国际商业机器公司的每发明人平均发明专利授权量均大于1件/人，特别是半导体能源研究所，其每发明人平均发明专利授权量达到了3.16件/人，平均有效创新效率最高。

每授权发明专利平均发明人数在3人次/件以上的申请人为国际商业机器公司、三星电子、台湾半导体、东芝，其授权发明专利的研究密集程度较高。

可以看出，国际商业机器公司的技术创新能力最强且研究密集程度较高，三星电子的技术创新实力最强，半导体能源研究所的平均有效创新效率最高。综合来看，半导体领域中国际商业机器公司的技术创新优势明显（表3-11）。

表3-11　2010～2013年半导体领域发明授权量前十名申请人的技术创新情况

半导体领域竞争者	发明专利授权量/件	发明人总数/人	每发明人平均发明专利授权/（件/人）	每授权发明专利平均发明人数/（人次/件）
国际商业机器公司	2 411	2 321	1.04	3.97
三星电子	2 043	3 581	0.57	3.89
台湾半导体	1 967	2 640	0.75	3.7
半导体能源研究所	1 949	617	3.16	2.91
海力士半导体	1 737	1 097	1.58	1.77
东京电子	1 663	1 754	0.95	2.68
东芝	1 567	1 462	1.07	3.14
索尼	1 333	1 357	0.98	2.42
瑞萨电子株式会社	1 324	1 559	0.85	2.63
松下	1 175	1 377	0.85	2.89

4. 药品领域中诺华公司的技术创新优势明显

在2010～2013年药品领域发明授权量前十名的申请人中，诺华公司的发明专利授权量最高，为798件，其技术创新能力较强。

诺华公司、默克・夏普-道姆公司授权发明的发明人总数分别为1 770人和1 188人，两位申请人授权发明的科研人员规模较大，技术创新实力较强，其他申请人授权发明的发明人总数均在1 000人以下。

在药品领域授权量前十名的申请人中，仅有阿勒根的每发明人平均发明专利授权量为1.15件/人，表明其平均有效创新效率较高；而其他九个申请人的每发明人平均发明专利授权量均在0.7件/人以下。

药品领域授权量前十名的申请人，其每授权发明专利平均发明人数均在3人次/件以上，相较于其他技术领域的申请人，药品领域申请人的授权发明专利的研究密集程度较高（表3-12）。

表3-12　2010～2013年药品领域发明授权量前十名申请人的技术创新情况

药品领域竞争者	发明专利授权量/件	发明人总数/人	每发明人平均发明专利授权/（件/人）	每授权发明专利平均发明人数/（人次/件）
诺华	798	1 770	0.45	4.9
默克·夏普-道姆公司	519	1 188	0.44	5.26
布里斯托尔-迈尔斯斯奎布公司	411	771	0.53	5.29
健泰科生物	365	843	0.43	5.16
伊莱利利	356	506	0.7	4.26
赛诺菲	316	640	0.49	4.55
阿斯利康（瑞典）有限公司	315	846	0.37	4.98
霍夫曼-拉罗奇有限公司	293	807	0.36	6.19
阿勒根	276	239	1.15	3.66
詹森药业有限公司	268	522	0.51	5.23

从以上分析可以看出，诺华公司的技术创新能力及技术创新实力最强；阿勒根的平均有效创新效率最高。综合来看，药品领域中诺华公司的技术创新优势明显。

5. 测量领域中电装株式会社的技术创新优势明显

在2010～2013年测量领域发明授权量前十名的申请人中，电装株式会社的发明专利授权量最大，为883件，其技术创新能力较强（表3-13）。

表3-13　2010～2013年测量领域发明授权量前十名申请人的技术创新情况

测量领域竞争者	发明专利授权量/件	发明人总数/人	每发明人平均发明专利授权/（件/人）	每授权发明专利平均发明人数/（人次/件）
电装株式会社	883	1 104	0.8	2.42
西门子	790	905	0.87	2.26
通用电气	647	1 308	0.49	3.07
浙江大学	621	1 583	0.39	4.25

续表

测量领域竞争者	发明专利授权量/件	发明人总数/人	每发明人平均发明专利授权/（件/人）	每授权发明专利平均发明人数/（人次/件）
博世	587	1 081	0.54	2.93
北京航空航天大学	548	1 438	0.38	4.41
泰勒斯	536	519	1.03	2.44
松下	535	781	0.69	3.1
霍尼韦尔	533	765	0.7	2.51
三菱电机	523	824	0.63	2.85

测量领域发明授权量前十名的申请人中，浙江大学授权发明的发明人总数最大，达到1 583人，其科研人员规模较大，技术创新实力较强；同时，其他申请人授权发明的发明人总数均匀分布在519人到1 438人。

测量领域发明授权量前十名的申请人中，泰勒斯的每发明人平均发明专利授权量最高，为1.03件/人，表明其平均有效创新效率较高；而其他九位申请人的每发明人平均发明专利授权量均低于1件/人，其中北京航空航天大学的每发明人平均发明专利授权量最低，仅为0.38件/人。

测量领域中，发明授权量前十位申请人的每授权发明专利平均发明人数均在2人次/件以上，尤其是来自中国的北京航空航天大学和浙江大学，其每授权发明专利平均发明人数均达到4人次/件以上，研究密集程度较高。

可以看出，电装株式会社的技术创新能力最强，北京航空航天大学和浙江大学的授权发明专利的研究密集程度较高。综合来看，测量领域中电装株式会社的技术创新优势明显。

三、化学工程领域为中国的优势技术领域

从WIPO35分技术领域发明授权量前十名的申请人国籍分布来看，共涉及澳大利亚（AU）、比利时（BE）、百慕大（BM）、瑞士（CH）、中国（CN）、德国（DE）、丹麦（DK）、法国（FR）、日本（JP）、韩国（KR）、俄罗斯（RU）、瑞典（SE）、美国（US）13个国家，其中日本和美国申请人在WIPO35分技术领域发明授权量前十名中，分别出现153次和81次，处于领先位置；中国申请人共出现42次，位列第三，化学工程领域为中国的优势领域，该领域中发明授权量前十名中有七位中国籍申请人。七位中国籍申请人中有三个高校（浙江大学、南京大学、清华大学），三个科研机构（中石化石化研究院、中石化上海石化研究院、中石化抚顺石化研究院），以及一个企业（中石化）。

2010～2013年，在化学工程领域发明授权量前十名的申请人中，中石化的发明专利授权量最高，为974件，其技术创新能力较强；中石化所拥有的授权发明，其发明人总数达到1 699人，中石化投入的科研人员规模最大，技术创新实力最强。

十位申请人的每发明人平均发明专利授权量均小于1件/人，中石化石化研究院的每授权发明专利平均发明人数达到6.41人次/件。

在化学工程领域中，中石化的技术创新能力及技术创新实力最强，中石化石化研究院的研究密集程度最高。

表3-14　2010～2013年化学工程领域发明授权量前十名申请人的技术创新情况

化学工程竞争者/国籍	发明专利授权量/件	发明人总数/人	每发明人平均发明专利授权/（件/人）	每授权发明专利平均发明人数/（人次/件）
中石化/中国	974	1699	0.57	5.18
东京电子/日本	292	466	0.63	2.81
浙江大学/中国	259	740	0.35	4.77
中石化上海石化研究院/中国	239	299	0.8	3.87
通用电气/美国	232	540	0.43	3.42
中石化石油化工研究院/中国	220	484	0.45	6.41
环球油品/美国	220	292	0.75	2.87
中石化抚顺石化研究院/中国	194	259	0.75	4.38
南京大学/中国	190	650	0.29	4.75
清华大学/中国	185	594	0.31	4.44

第三节　本章小结

1. 在WIPO公布的35个技术领域中，发明授权量前十名的申请人共188位；国际商业机器公司在信息技术管理办法、计算机技术、半导体三个技术领域的发明授权量均最高；高通在电信、基础通信程序、数字通信三个技术领域的发明授权量均最高。

2. 全球范围内，在六个以上WIPO公布的技术领域中，发明授权量进入前十名的申请人为：松下、三星电子、本田汽车、通用电气、富士胶片、佳能、索尼、国际商业机器公司、电装株式会社、丰田汽车；前述申请人全部为企业类型申请人，其中日本占据七席，美国和韩国分别占据两席和一席。

3. 松下在音像技术等11个技术领域具有优势；三星电子在计算机技术等八个技术领域具有优势；本田汽车在运输等七个技术领域具有优势；通用电气在发动机/泵/涡轮机等七个技术领域具有优势；富士胶片在光学等七个技术领域具有优势；佳能在光学等六个技术领域具有优势；索尼在音像技术等六个技术领域具有优势；国际商业机器公司在计算机技术等六个技术领域具有优势；丰田汽车在运输等六个技术领域具有优势；电装株式会社在运输等六个技

术领域具有优势。

4. 21个技术领域的主要竞争者全部由企业占据；松下在11个技术领域的发明授权量均位居前十；中国企业中石化、鸿海精密在五个技术领域的发明授权量位居前十。

5. 计算机技术、电机/电气装置/电能、半导体、药品、测量五个技术领域中，技术创新优势明显的申请人分别为国际商业机器公司、松下、国际商业机器公司、诺华公司、电装株式会社；中国的优势技术领域为化学工程。

第二篇　国内技术创新活动研究

本篇着眼于国内，研究2006～2013年我国专利创新活动的整体情况，重点分析WIPO35个技术领域、七大战略性新兴产业的专利创新活动，重点反映九个主要国家在华专利布局情况、国内各省市的技术创新状况及各技术领域和产业的主要竞争者情况。

第四章　国内技术创新活动的发展趋势

本章根据世界知识产权组织公布的WIPO35技术领域及我国国务院拟定的七大战略性新兴产业，以2006～2013年中国发明专利申请的公开文献资源作为研究依据，从专利申请时间、布局两个维度分别统计、分析中国国内的专利活动，以期揭示国内技术创新活动的方向与趋势。

第一节　国内技术创新活动整体情况

以WIPO35技术领域、七大战略性新兴产业已公开中国发明专利申请作为研究对象，对2006～2013年期间的专利申请情况及趋势进行分析。

一、中国发明专利申请量总体呈快速增长态势

从总体上看，中国发明专利申请量在2006～2013年呈快速增长态势（见图4-1），这表明中国国内技术创新活力日益增强。如表4-1所示，2006年中国发明专利申请量为210 926件，此后以约13.8%的年均增长率快速增长，到2012年达到577 524件。截至检索时间①，2013年与2012年相比发明专利申请量稍有下降，为521 754件。

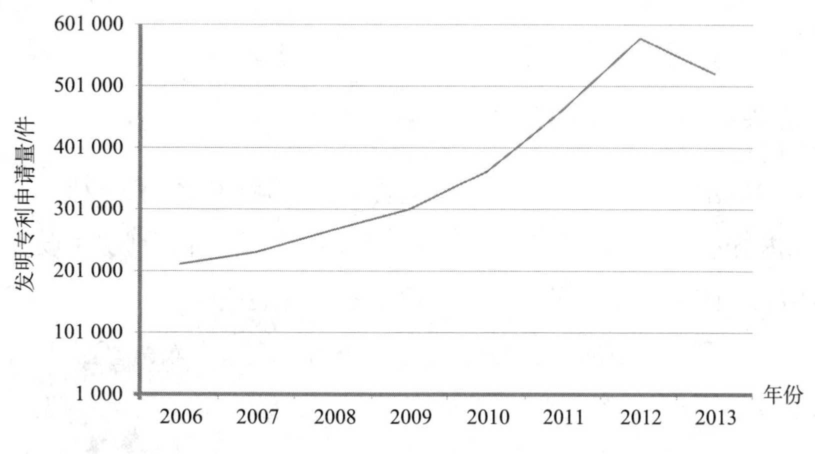

图4-1　中国发明专利申请量年度趋势图

数据来源：CNABS。

① 检索截止日期为2014年11月28日。

表4-1　2006～2013年中国发明专利申请量

申请年份	2006	2007	2008	2009	2010	2011	2012	2013
发明专利申请量/件	210 926	232 215	268 061	302 127	362 439	462 693	577 524	521 754

二、WIPO35的化学、电气工程、机械工程三个一级技术领域的专利申请活动最活跃，2013年机械工程领域申请活动的活力增强

WIPO35的化学、电气工程、机械工程类三个一级技术领域的技术创新活动最活跃，如图4-2所示，三领域在2006～2012年、2013年当年的发明专利申请量所占份额较大（均超过20%），而仪器及其他领域所占份额相对较小。2013年，机械工程领域的创新活力进一步增强，发明专利申请量占比增长了四个百分点。化学、仪器技术领域的占比基本保持不变。与此同时，电气工程、其他技术领域的发明专利申请量占比分别降低三个百分点、一个百分点。

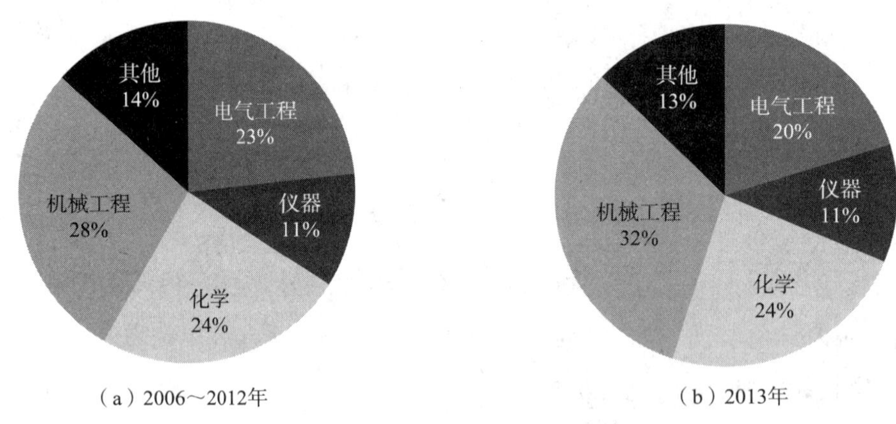

图4-2　WIPO35一级技术领域发明专利申请分布

数据来源：CNABS。

三、战略性新兴产业中国发明专利申请量呈增长趋势

如表4-2和图4-3所示，2006～2013年，战略性新兴产业中国发明专利申请量呈增长趋势，战略性新兴产业国内技术创新活动日益增强。2009年9月，温家宝总理提出要大力发展战略性新兴产业；2010年10月，国务院发布了《关于加快培育和发展战略性新兴产业的决定》，标志着我国正式启动实施这一重大战略部署。与之相应，2010年战略性新兴产业中国发明专利申请量首次突破十万件，2011年增长率更是达到17.4%。

表4-2　2006～2013年战略性新兴产业中国发明专利申请量　/件

申请年份	2006	2007	2008	2009	2010	2011	2012	2013
发明专利申请量	62 299	68 143	77 101	87 788	102 071	119 867	101 976	42 313

数据来源：战略性新兴产业专利检索系统[①]。

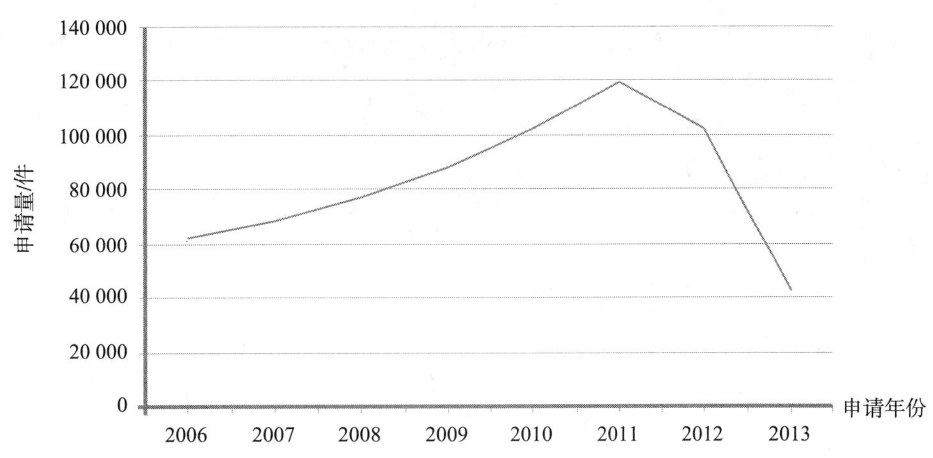

图4-3　2006～2013年战略性新兴产业中国发明专利申请量年度趋势

数据来源：战略性新兴产业专利检索系统。

第二节　国内技术创新方向及趋势

在对国内发明专利申请总体情况研究的基础上，本节分别对WIPO35各技术领域、七大战略性新兴产业的发明专利申请趋势进行分析，以全面展示各技术领域、各战略性新兴产业的技术创新活动发展情况，以揭示引领国内技术创新方向及趋势的技术领域及产业。

一、WIPO35技术领域国内技术创新方向及趋势

1. 电机/电气装置/电能、计算机技术领域是近八年发明专利申请量累计最高的技术领域

2006～2013年的八年间，WIPO35各技术领域中，发明专利累计申请量排名前十的领域依次为：电机/电气装置/电能、计算机技术、测量、数字通信、电信、药品、基础材料化学、材料/冶金、其他专用机械、音像技术领域，如图4-4所示。其中，电机/电气装置/电能、计算机技术领域的发明专利申请量遥遥领先于其他技术领域。

① 战略性新兴产业专利检索系统是基于中国专利技术开发公司自定义的战略性新兴产业分类，并由中国专利技术开发公司自主开发的检索和分析工具；该系统中数据收录范围截止到2013年年底，由于发明申请或发明PCT申请公开滞后，2012年和2013年的发明申请量和发明PCT申请量数据统计不全。

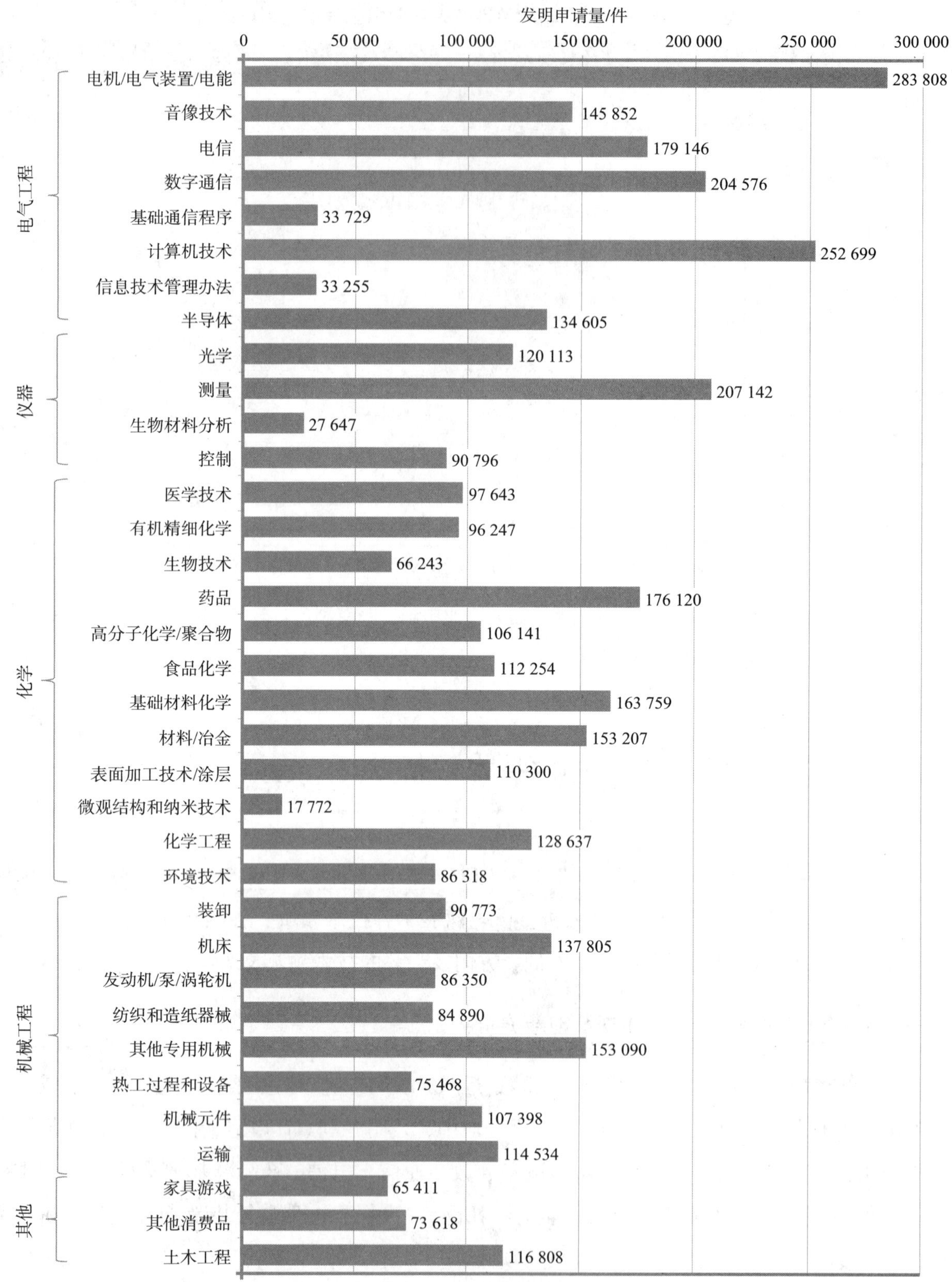

图4-4　2006～2013年中国发明专利申请WIPO35领域分布图

数据来源：CNABS。

2. 2013年电气工程类技术领域的发明专利申请量领先优势减弱，仪器类领域中测量领域的发明专利申请量跃居第二

在所考察时间段内的前七年，即2006～2012年，WIPO35分领域国内发明专利申请量排名前十位的领域为：电机/电气装置/电能、计算机技术、数字通信、测量、电信、药品、基础材料化学、音像技术、材料/冶金、其他专用机械，其中电气工程类技术领域占据五个席位，领先优势突出，详见图4-5。

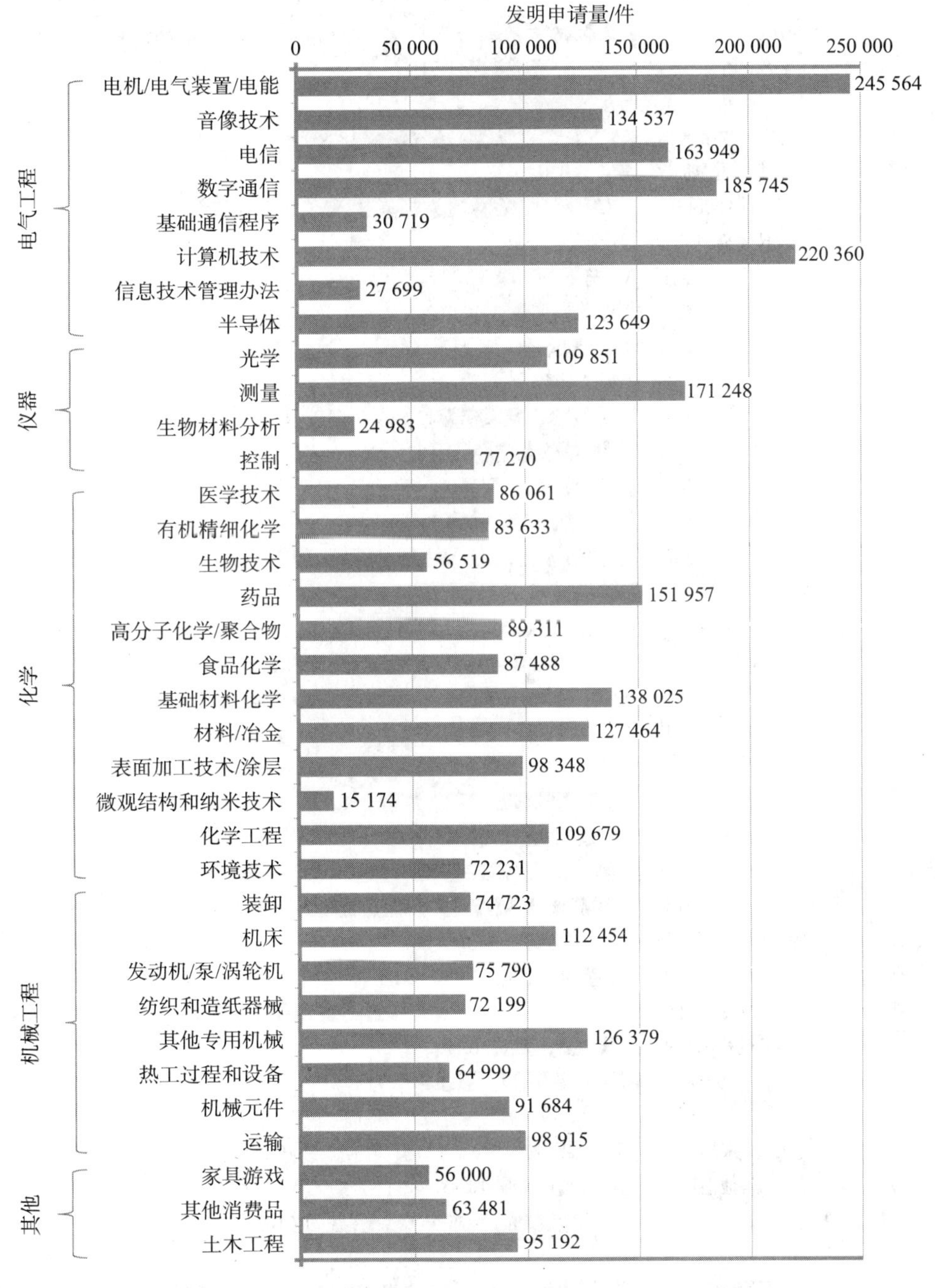

图4-5　2006～2012年中国发明专利申请WIPO35领域分布图

数据来源：CNABS。

而在所考察时间段内的最后一年，即2013年，电气工程类的技术领域中仅电机/电气装置/电能、计算机技术领域仍然位列发明专利申请量前十强，领先优势有所减弱。十强中其他八个席位分别重新归属于：测量、其他专用机械、材料/冶金、基础材料化学、机床、食品化学、药品、土木工程领域。其中，测量领域在2013年表现异常显著，发明专利申请量仅次于电机/电气装置/电能领域，成为申请量位居第二的技术领域，详见图4-6。

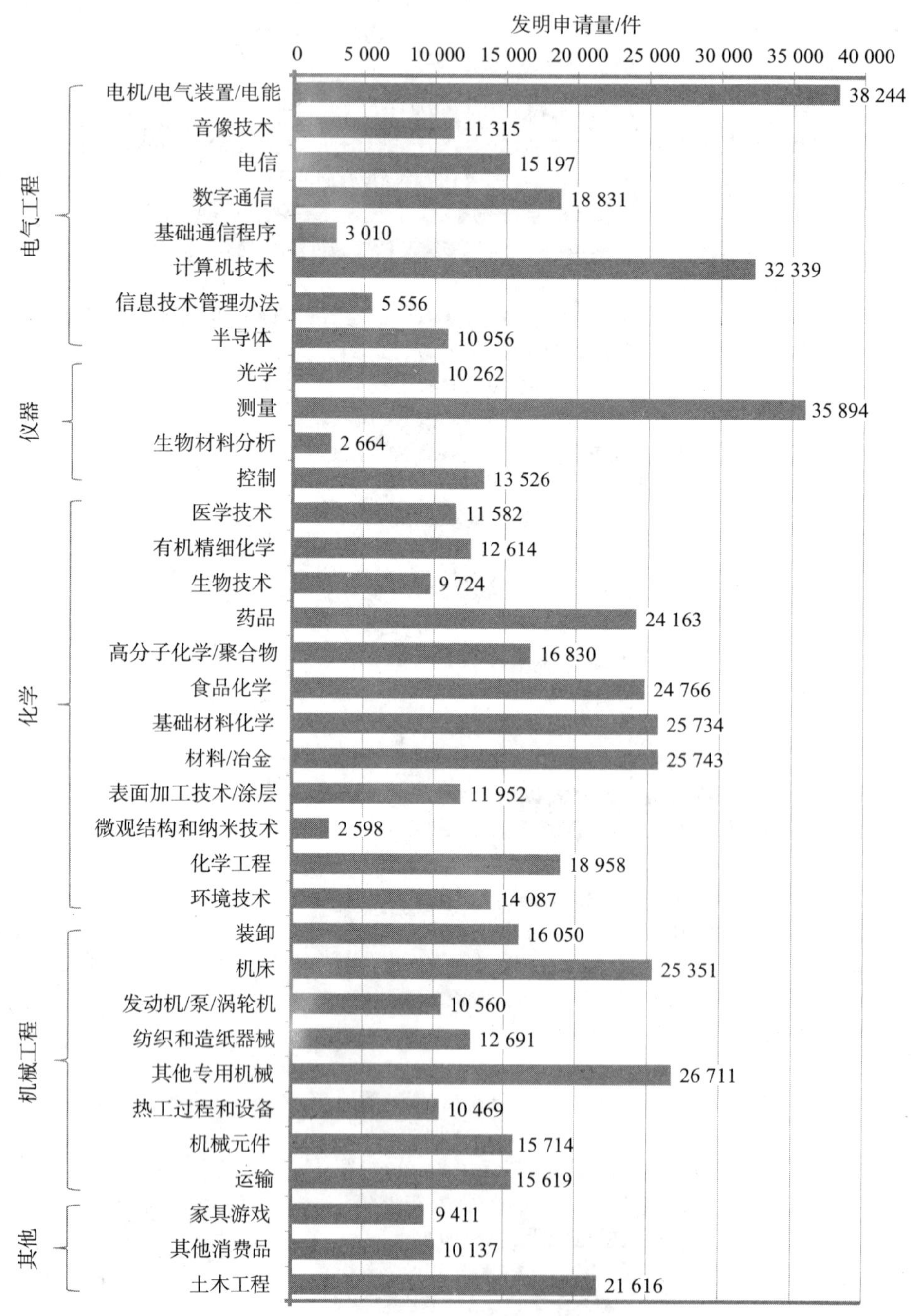

图4-6　2013年中国发明专利申请WIPO35领域分布图

数据来源：CNABS。

3. WIPO35技术领域中，食品化学、机床、土木工程、测量、环境技术等领域可能引领未来国内技术创新方向及趋势

食品化学、机床、土木工程、测量、环境技术、材料/冶金、装卸、其他专用机械、生物技术、微观结构和纳米技术等领域近年均保持了较高的发明专利申请增长率，对国内技术创新活动起到积极的带动作用，有可能引领未来国内技术创新方向及趋势。如图4-7所示，2006～2013年的中国发明专利申请量排名前八技术领域的年均增长率均超过了12%。35个技术领域中，有七个技术领域的发明申请增长率出现负值，包括近八年来技术创新活动较为活跃的数字通信、电信和音像技术领域。

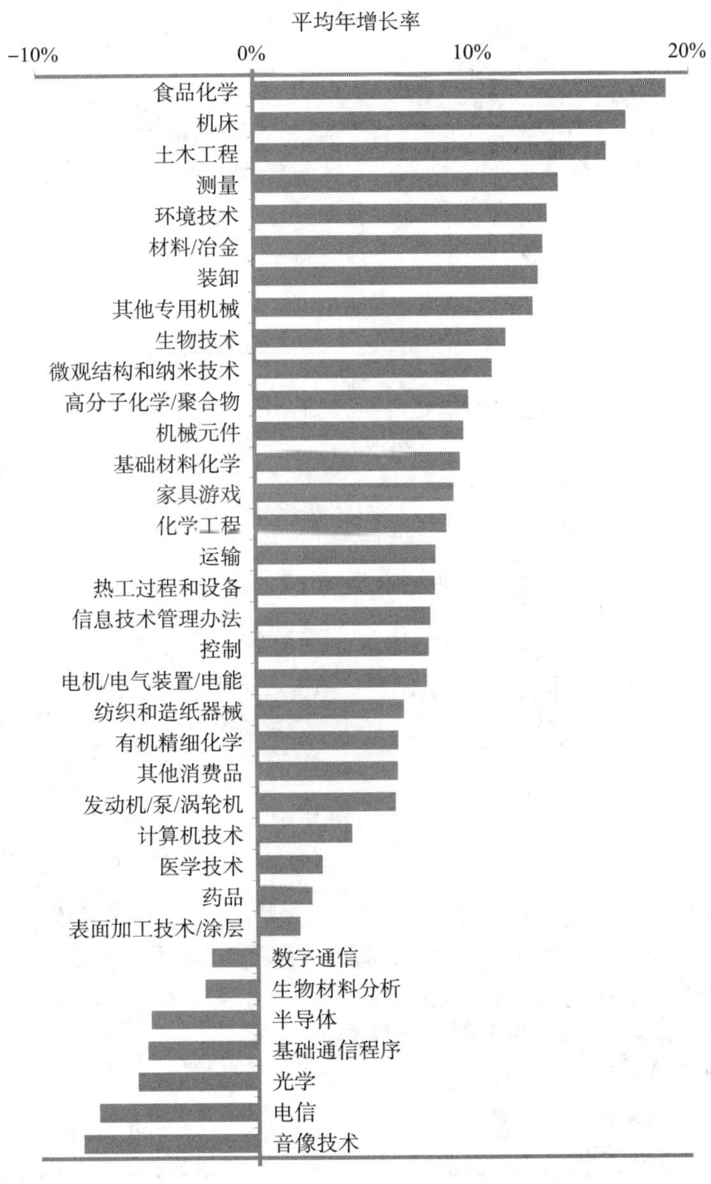

图4-7　WIPO35分领域发明专利申请量平均年增长率

数据来源：CNABS。

二、战略性新兴产业国内技术创新方向及趋势

1. 生物产业、节能环保产业、新一代信息技术产业是近八年发明专利申请量累计最高的产业

如图4-8所示，2006～2013年七大战略性新兴产业国内发明专利申请量由多到少依次为：生物产业187 720件、节能环保产业179 383件、新一代信息技术产业175 254件、新材料产业95 634件、新能源产业43 869件、高端装备制造产业37 178件、新能源汽车产业8 251件。其中生物产业、节能环保产业、新一代信息技术产业的发明专利申请量远远高于其他四个产业，该三个产业表现出较高的创新活力，充分显示出其支柱地位。

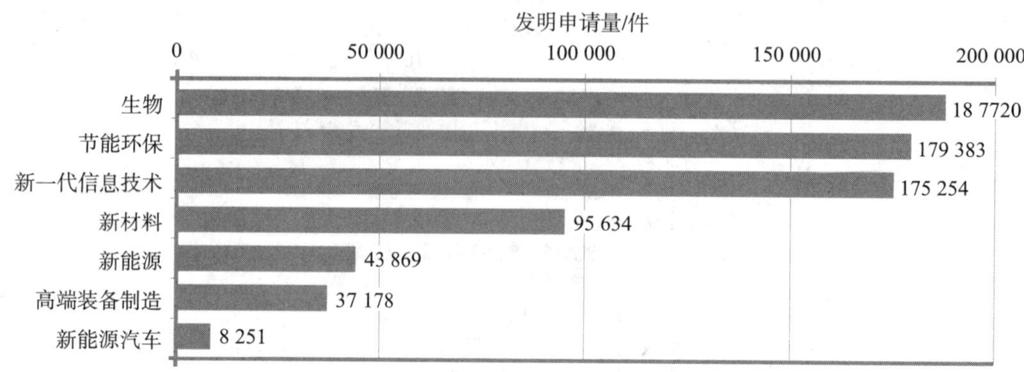

图4-8　2006～2013年战略性新兴产业中国发明专利申请产业分布

数据来源：战略性新兴产业专利检索系统。

2. 2013年节能环保产业发明专利申请量跃居第一

如图4-9所示，2006～2012年七大战略性新兴产业国内发明专利申请量排名依次为：生物产业、新一代信息技术产业、节能环保产业、新材料产业、新能源产业、高端装备制造产业、新能源汽车产业。如图4-10所示，2013年，节能环保产业发明专利申请量超过生物产业和新一代信息技术产业，跃居第一。

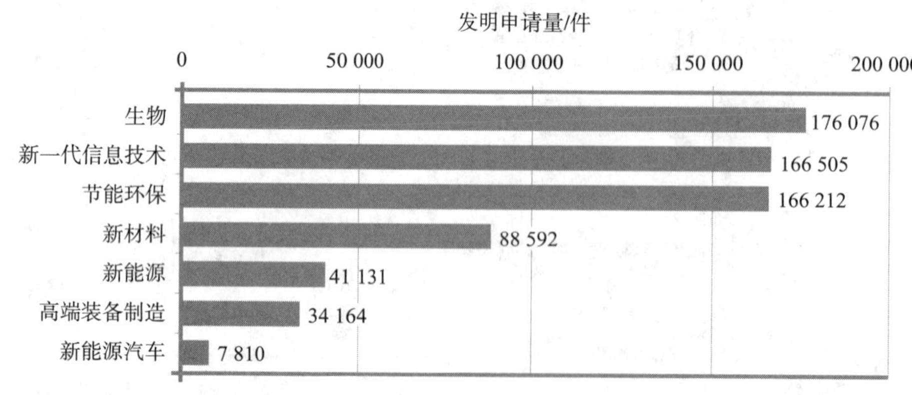

图4-9　2006～2012年战略性新兴产业中国发明专利申请产业分布

数据来源：战略性新兴产业专利检索系统。

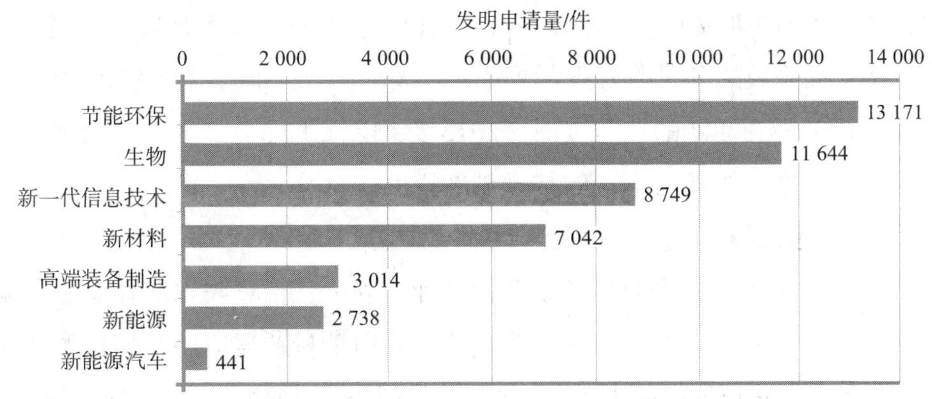

图4-10　2013年战略性新兴产业中国发明专利申请产业分布

数据来源：战略性新兴产业专利检索系统。

3. 新能源产业、新能源汽车产业、节能环保产业将可能引领未来国内技术创新方向及趋势

如图4-11所示，新能源产业、新能源汽车产业、节能环保产业、高端装备制造产业、新材料产业近年均保持了较高的发明专利申请增长率，在国内技术创新活动中表现突出。这些产业将有可能引领未来国内技术创新方向及趋势，尤其是新能源产业，发明专利申请平均年增长率达到34.4%。2006～2013年战略性新兴产业中国发明专利申请总量平均年增长率为14%，新能源产业、新能源汽车产业、节能环保产业、高端装备制造产业、新材料产业均超过了14%。

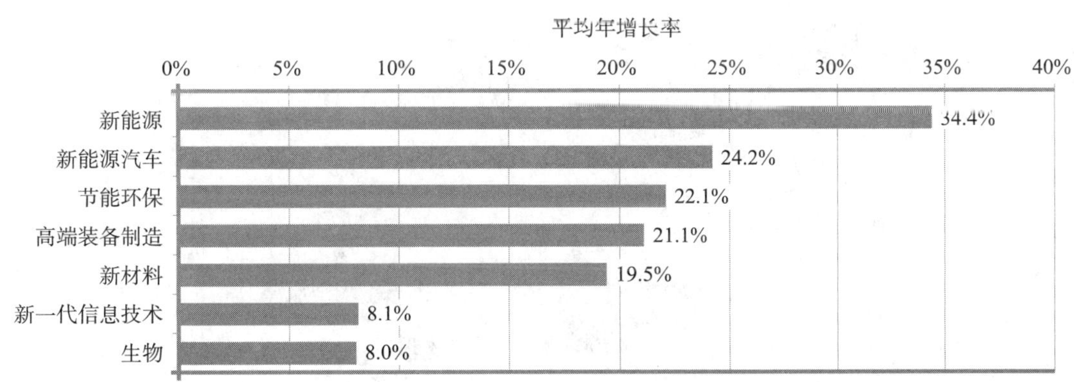

图4-11　七大战略性新兴产业中国发明专利申请量平均年增长率

数据来源：战略性新兴产业专利检索系统。

第三节　本章小结

1. 2006～2013年，中国发明专利申请量总体呈快速增长态势，其中战略性新兴产业的发明专利申请量增长尤为显著。

2. 近年来，WIPO35的机械工程、化学、电气工程类三个一级技术领域的专利申请活动最为活跃，2013年机械工程领域的专利申请活力增强。二级领域中，电机/电气装置/电能、计算机技术领域是近年申请活动最为活跃的技术方向。2013年，电气工程类技术领域的领先优势减弱，仪器类领域中测量领域跃居为活力第二的技术创新方向。食品化学、机床、土木工程、测量、环境技术等领域有可能引领未来国内技术创新方向及趋势。

3. 战略性新兴产业中的生物产业、节能环保产业、新一代信息技术产业是近年来发明专利申请量累计最高的产业。2013年节能环保产业发明专利申请量跃居第一。新能源产业、新能源汽车产业、节能环保产业将可能引领未来国内技术创新方向及趋势。

第五章　国内专利布局

第四章主要从时间维度关注中国发明专利的申请趋势及技术创新活动的发展方向。本章则重点从地域维度，通过统计分析“九国两组织”中的九个主要国家2006～2013年在中国的发明授权专利数量，揭示世界主要国家在华专利布局情况。

第一节　国内专利布局整体情况

一、2006～2013年国内发明专利授权量总体呈快速增长态势，但2013年较2012年授权量增长率不足1%

如图5-1及表5 1所示，自2006年起，国内发明专利授权量总体呈快速增长态势，2013年较2012年授权量增长率不足1%。2006年发明授权量58 369件，2012年达到217 547件，2013年为219 197件。这组数据从一个侧面表明中国市场越来越受到全球主要国家的关注。

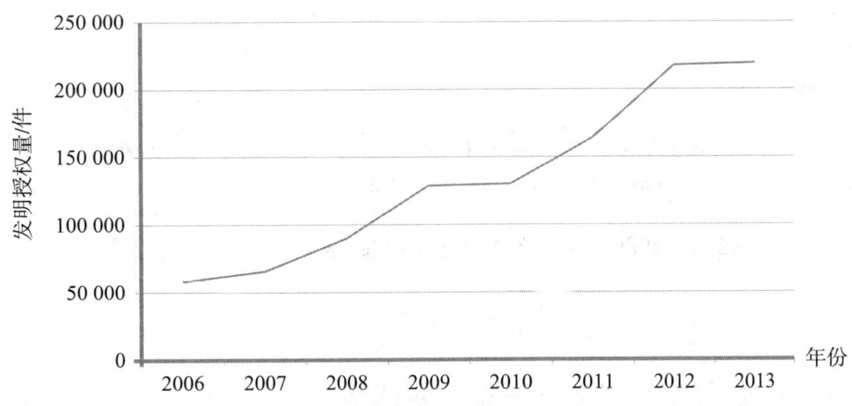

图5-1　2006～2013年中国发明专利授权量年度趋势图

表5-1　2006～2013年中国国内发明专利授权量

授权年份	2006	2007	2008	2009	2010	2011	2012	2013
发明授权量/件	58 369	65 772	89 938	128 651	129 819	163 957	217 547	219 197
增长率	—	12.68%	36.74%	43.04%	0.91%	26.30%	32.69%	0.76%

二、中国发明授权专利申请人国籍主要为中国，日、美在中国专利布局占比较高

2006～2013年，中国发明授权专利的申请人国籍主要为中国，如图5-2所示，中国国籍申请人获得的发明专利授权量占中国授权专利总量的52.04%，其次是日本籍申请人（约占19%）、美国籍申请人（约占10%）的发明专利授权量较多。这表明，日本和美国在中国的专利布局占有较高份额。

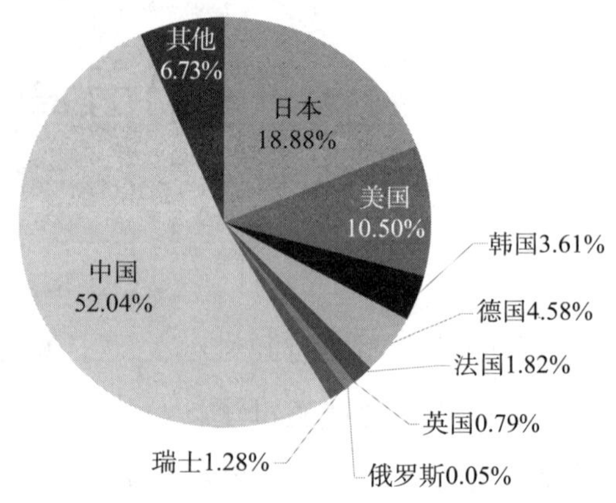

图5-2 2006～2013年中国发明授权专利来源国分布

数据来源：CNABS。

2006～2013年，九国在中国的发明专利授权量趋势表现为：除中国的授权量逐年持续快速增长以外，其他八国均在2009年达到第一次授权量峰值，之后基本保持平稳态势，详见图5-3。

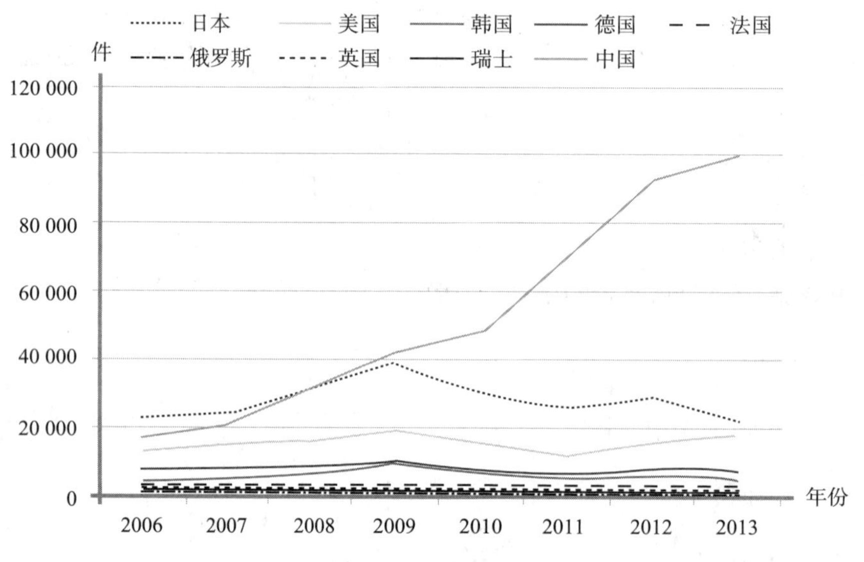

图5-3 2006～2013年九国在中国的发明专利授权量趋势

数据来源：CNABS。

三、中国在本国的有效专利数量占据绝对优势，日、美在华持有相对较多的有效专利，中、日、韩、德的专利权存活率较高

如表5-2、图5-4所示，中国在本国维持有效的发明专利数量占据绝对优势，达到661 839件。日本、美国次之，分别为198 803件和100 157件，均持有相对较多的有效发明专利。其次是德国42 993件、韩国38 173件、法国17 199件、瑞士11 844件、英国7 665件、俄罗斯324件。[①]

① 检索日期为2014年9月23日。

表5-2　主要国家在中国的有效发明专利数量及专利权存活率

专利来源国	发明授权总量/件	有效发明专利总量/件	专利权存活率
中国	837 442	661 839	79.03%
日本	254 523	198 803	78.11%
美国	134 457	100 157	74.49%
德国	57 307	42 993	75.02%
韩国	49 255	38 173	77.50%
法国	23 513	17 199	73.15%
瑞士	16 668	11 844	71.06%
英国	11 630	7 665	65.91%
俄罗斯	519	324	62.43%

数据来源：INCOPAT。

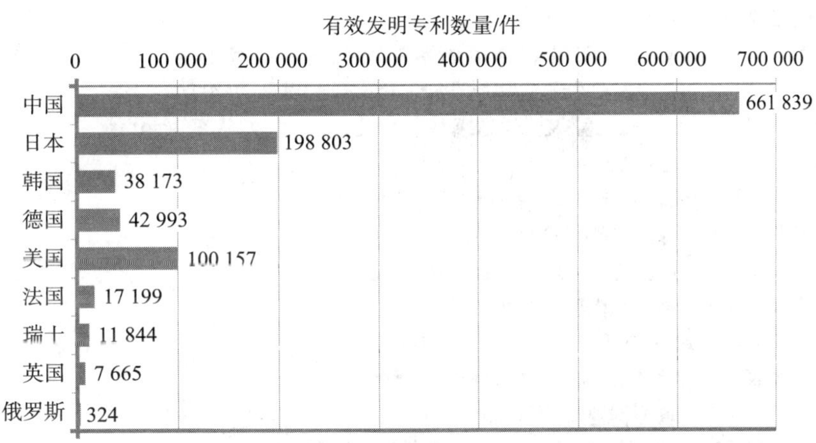

图5-4　主要国家在中国的有效发明专利数量

数据来源：INCOPAT。

相对其他国家，中国专利权存活率最高，达到79.03%，其次是日本78.11%、韩国77.50%、德国75.02%、美国74.49%、法国73.15%、瑞士71.06%、英国65.91%、俄罗斯62.43%，专利权存活率依次降低。

第二节　WIPO35分领域国内专利布局情况

基于前一章节对WIPO35技术领域中国发明专利申请趋势的分析以及对世界主要国家在中国的发明专利授权情况统计，本节从年度（2006～2013年）、国别（九国）、技术领域（WIPO35）三个维度对各国在重点WIPO技术领域的专利布局展开分析。

一、中国发明授权专利在WIPO35的电气工程类领域最为集中

2006～2013年，中国发明授权专利主要集中在电气工程类领域，如图5-5所示。授权量排名前十的技术领域中，电气工程类领域占据了六席，包括电机/电气装置/电能、计算机技术、电信、数字通信、音像技术和半导体领域，其他四席分别为仪器类的测量、光学领域和化学类的药品、基础材料化学领域。

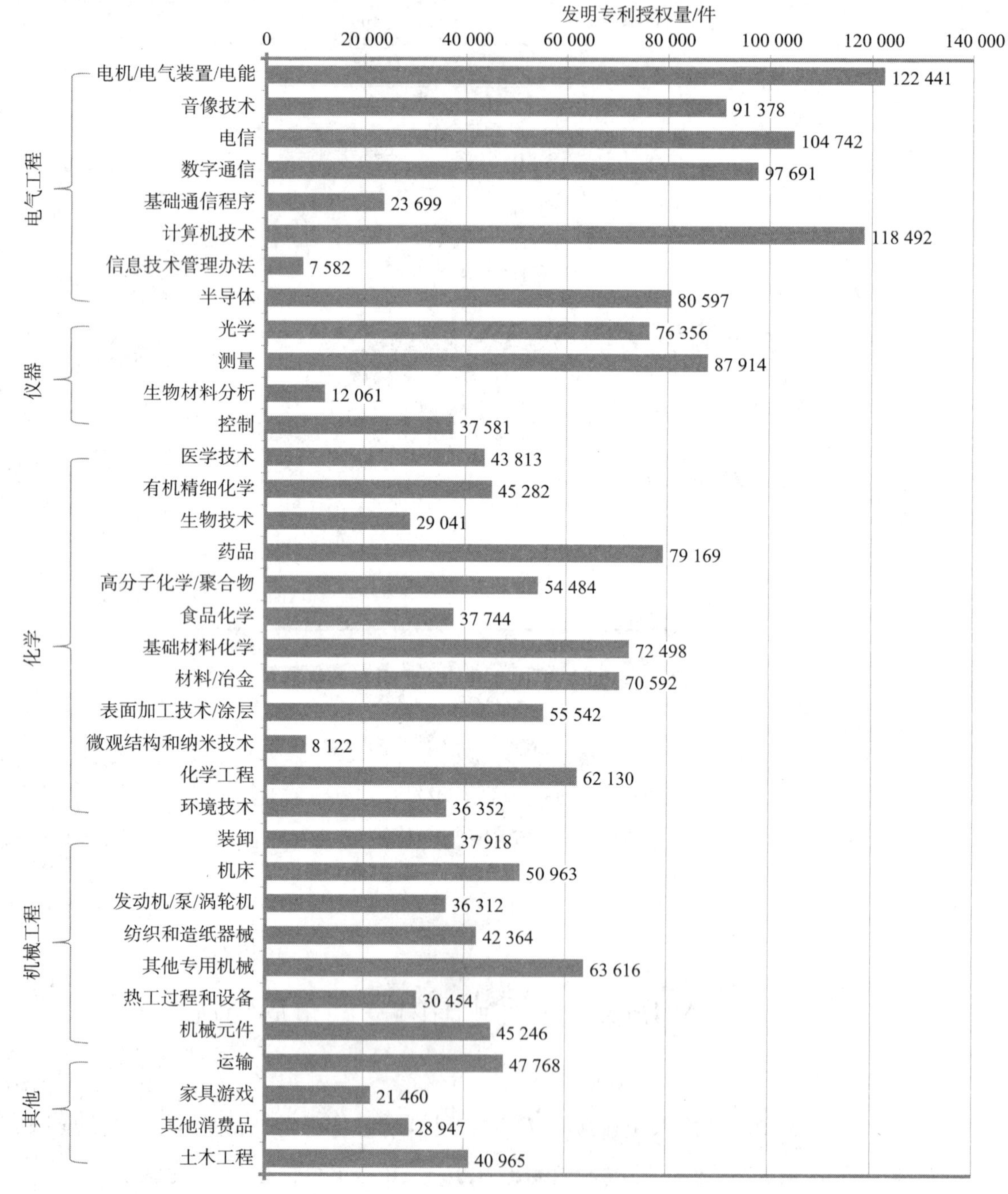

图5-5　2006～2013年中国发明授权专利WIPO35领域分布

WIPO35的五个一级技术领域中，机械工程、其他领域的下属二级技术领域均无一入围授权量十强。

二、各国在最具活力WIPO35十强领域中的授权发明专利布局

本节分析的WIPO35十强领域是指中国发明专利申请公开量最高、创新活力最强的十个领域，包括：电机/电气装置/电能、计算机技术、测量、数字通信、电信、药品、基础材料化学、材料/冶金、其他专用机械、音像技术领域。

1. 电机/电气装置/电能领域，中国、日本在中国国内的专利布局份额较高

如图5-6所示，2006～2013年，电机/电气装置/电能领域的中国发明授权专利数量中占比最多的是中国40.88%（50 050件）；日本紧随中国之后，授权量占比为28.24%；其次是美国8.92%、韩国6.41%、德国4.57%、法国1.64%、瑞士0.89%、英国0.65%，俄罗斯仅占0.02%。此外，九国之外的其他专利来源国占据了该领域发明授权量剩余7.8%的份额。这表明在电机/电气装置/电能领域，日本、美国较注重在中国布局专利，中国在本国的布局份额较高。

2. 计算机技术领域，中国、日本、美国均在中国国内拥有较高份额的专利布局

如图5-7所示，2006～2013年，计算机技术领域的中国发明授权专利数量中份额最高的是中国，占40.87%（48 429件）；日本紧随其后，占比为23.39%；其次是美国15.9%、韩国5.36%、德国2.32%、法国1.73%；九国之外的其他专利来源国总共占据了该领域发明授权量剩余9.35%的份额。这表明在计算机技术领域，中国主要在本国进行专利布局，日本、美国较重视在中国的专利布局。

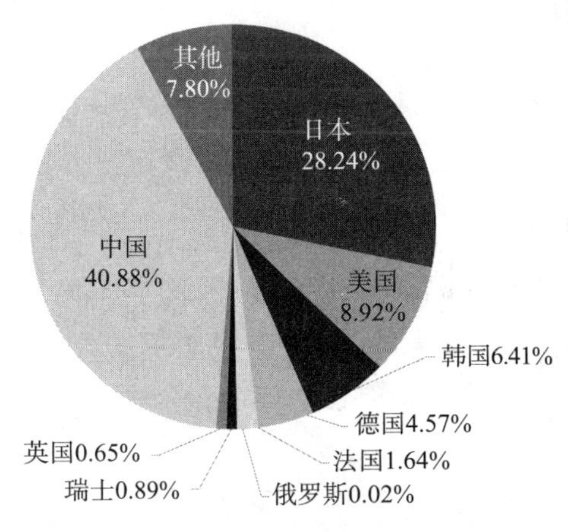

图5-6　2006～2013年各国在电机/电气装置/电能领域的授权发明专利布局

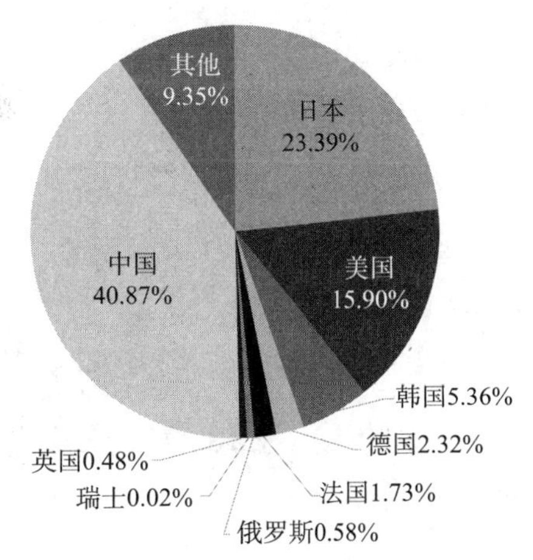

图5-7　2006～2013年各国在计算机技术领域的授权发明专利布局

3. 测量领域，中国在本国的专利布局占比最高，日本、美国其次

如图5-8所示，2006～2013年，测量领域的中国发明授权专利数量中份额最高的是中国，占

57.88%（50 885件）；其次是日本15.45%、美国8.99%、德国3.97%、韩国2.16%、英国1.62%、法国1.27%；九国之外的其他专利来源国总共占据了该领域发明授权量剩余7.77%的份额。这表明在测量领域中，中国在本国的专利布局优势明显，此外，日本、美国也在中国布局了较多专利。

4. 数字通信领域，中国、日本、美国在中国国内专利布局占比较高

如图5-9所示，2006～2013年，数字通信领域的中国发明授权专利数量中，份额最高的是中国，占57.87%（56 538件）；其次是美国12.06%、日本11.17%、韩国4.41%、法国2.01%、德国1.75%，英国、瑞士、俄罗斯均占比不足1%；九国之外的其他专利来源国总共占据了该领域发明授权量其余10.13%的份额。这表明在数字通信领域中，中国主要在本国进行专利布局，日本、美国在中国的专利布局较多，此外九国之外的其他国家也较重视在中国的专利布局。

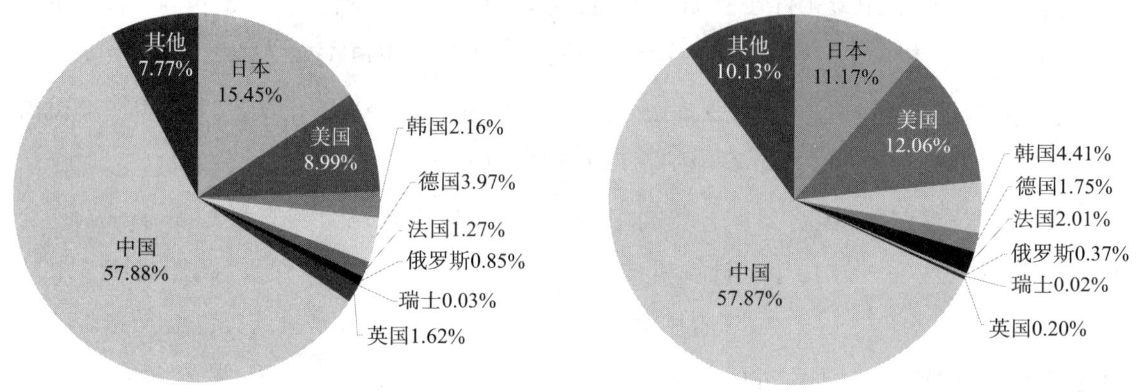

图5-8　2006～2013年各国在测量领域的授权发明专利布局

图5-9　2006～2013年各国在数字通信领域的授权发明专利布局

5. 电信领域，中国主要在本国进行专利布局，日本、美国在华专利布局占比较高

如图5-10所示，2006～2013年，电信领域的中国发明授权专利数量中，份额最高的是中国，占42.53%（44 542件）；其次是日本22.25%、美国11.77%、韩国6.73%、法国2.69%、德国2.05%；九国之外的其他专利来源国总共占据了该领域发明授权量其余11.16%的份额。这表明，在电信领域中，中国主要在本国进行了专利布局，日本、美国在中国布局的专利较多，九国之外的其他国家也较重视在中国的专利布局。

6. 药品领域，中国在本国专利布局中占据将近七成的份额

如图5-11所示，2006～2013年药品领域的中国发明授权专利数量中，份额最高的是中国，占69.91%（55 347件）；其次是美国7.89%、日本4.80%、英国2.50%、德国2.22%、法国1.30%、俄罗斯1.06%、韩国0.96%、瑞士0.05%；九国之外的其他专利来源国总共占据了该领域发明授权量其余9.32%的份额。这表明在药品领域，中国在本国专利布局优势显著，日本、美国在中国布局了较多专利，九国之外其他国家在中国专利布局也占较高比重。

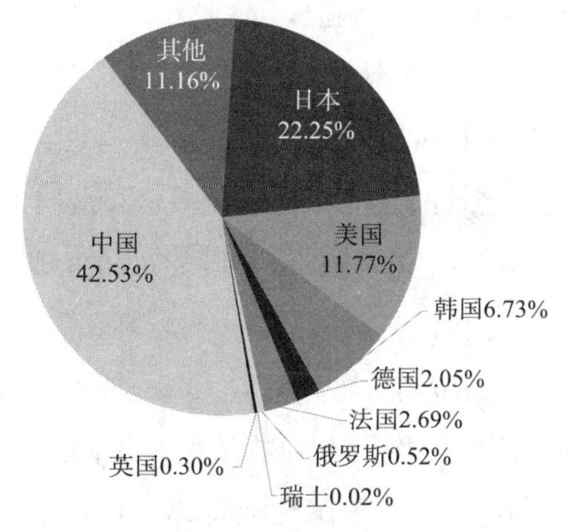

图5-10　2006～2013年各国在电信领域的授权发明专利布局

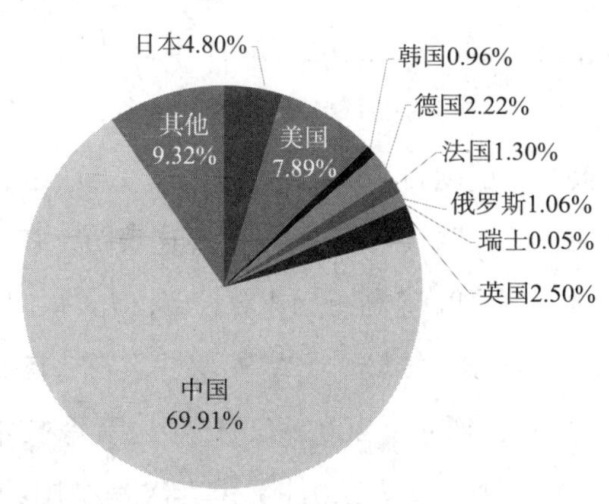

图5-11　2006～2013年各国在药品领域的授权发明专利布局

7. 基础材料化学领域中国在本国的专利布局份额占比超过半数

如图5-12所示，2006～2013年，基础材料化学领域的中国发明授权专利数量中，份额最高的是中国，占54.38%（39 428件）；其次是日本14.26%、美国10.82%、德国4.86%、韩国1.88%、英国1.70%、法国1.22%、俄罗斯0.95%、瑞士0.04%；九国之外的其他专利来源国总共占据了该领域发明授权量其余9.88%的份额。这表明在基础材料化学领域中，中国在本国的专利布局优势显著，日本、美国在中国布局的专利较多，九国之外的其他国家在中国的专利布局也占有较高比重。

8. 材料/冶金领域，中国在本国专利布局占整体份额的六成以上

如图5-13所示，2006～2013年，材料/冶金领域的中国发明授权专利数量中，份额最高的是中国，占68.09%（48 065件）；其次是日本13.44%、美国5.33%、德国2.98%、韩国1.46%、法国1.45%，英国、瑞士、俄罗斯占比均不足1%；九国之外的其他专利来源国总共占据了该领域发明授权量其余6.32%的份额。这表明，在中国的材料/冶金领域中，本国进行了优势显著的专利布局，日本、美国也有较多专利布局。

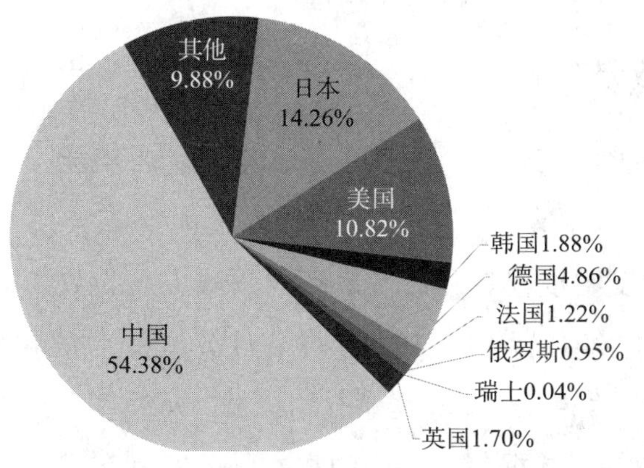

图5-12　2006～2013年各国在基础材料化学领域的授权发明专利布局

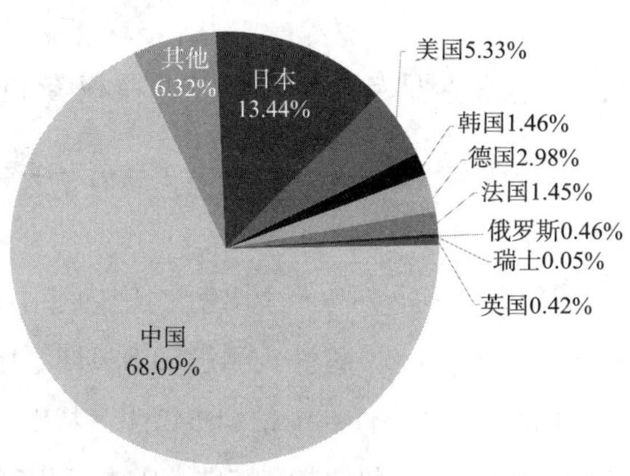

图5-13　2006～2013年各国在材料/冶金领域的授权发明专利布局

9. 其他专用机械领域，中国在本国的专利布局占比最高且优势明显

如图5-14所示，2006～2013年，其他专用机械领域的中国发明授权专利数量中，份额最高的是中国，占49.76%（31 656件）；其次是日本18.63%、美国9.96%、德国5.14%、韩国2.17%、法国1.96%、英国1.48%、俄罗斯0.65%、瑞士0.03%；九国之外的其他专利来源国总共占据了该领域发明授权量其余10.23%的份额。这表明，在其他专用机械领域中，中国在本国的专利布局优势明显，日本、美国的专利布局相对较多，九国之外其他国家在中国的专利布局也占有较高比重。

10. 音像技术领域，日本非常注重在中国的专利布局并占据绝对优势

如图5-15所示，2006～2013年，音像技术领域的中国发明授权专利数量中，份额最高的是日本，约占41%（37 240件）；其次是中国约28%、韩国约11%、美国约8%、德国约2%、法国约2%，英国、瑞士、俄罗斯占比均不到1%；此外，九国之外的其他专利来源国总共占据了该领域发明授权量其余约8%的份额。这表明，在中国的音像技术领域，日本专利布局占比最高，中国在本国的专利布局占比其次，此外，韩国也较注重在中国的专利布局。

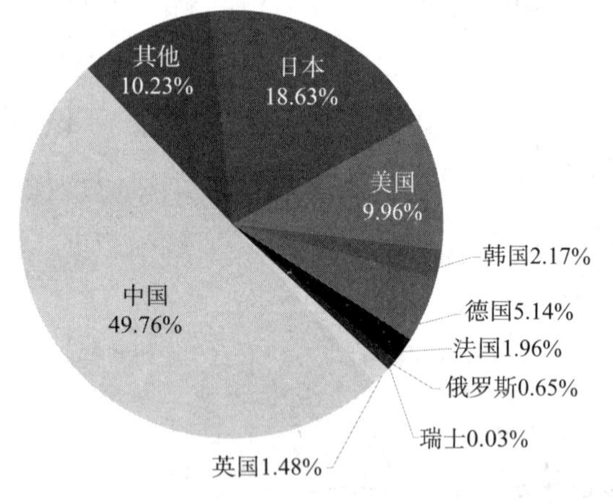

图5-14　2006～2013年各国在其他专用机械领域的授权发明专利布局

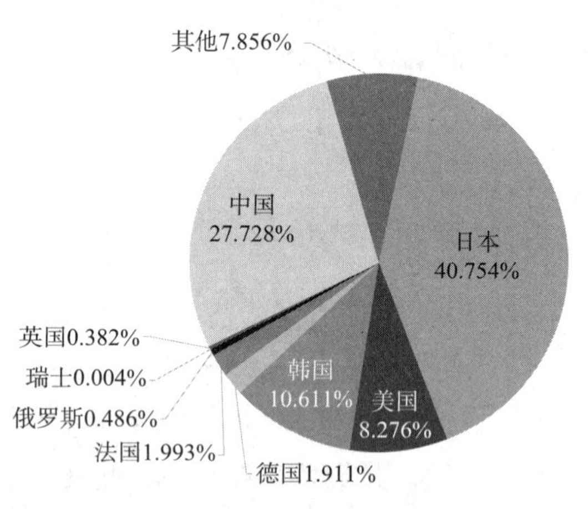

图5-15　2006～2013年各国在音像技术领域的授权发明专利布局

三、全球主要专利来源国发明授权专利领域分布情况

1. 中国在本国的发明授权专利主要分布在数字通信、药品、测量、电机/电气装置/电能、计算机技术等领域

如图5-16所示，2006～2013年，中国在本国的发明授权专利数量最高的领域依次为数字通信56 538件、药品55 347件、测量50 885件、电机/电气装置/电能50 050件、计算机技术48 429件、材料/冶金48 065件、电信44 542件、基础材料化学39 428件、其他专用机械31 656件、化学工程31 049件、食品化学30 595件、土木工程26 852件。数据表明，中国在本国的专利布局较侧重于数字通信、药品、测量、电机/电气装置/电能、计算机技术等领域。

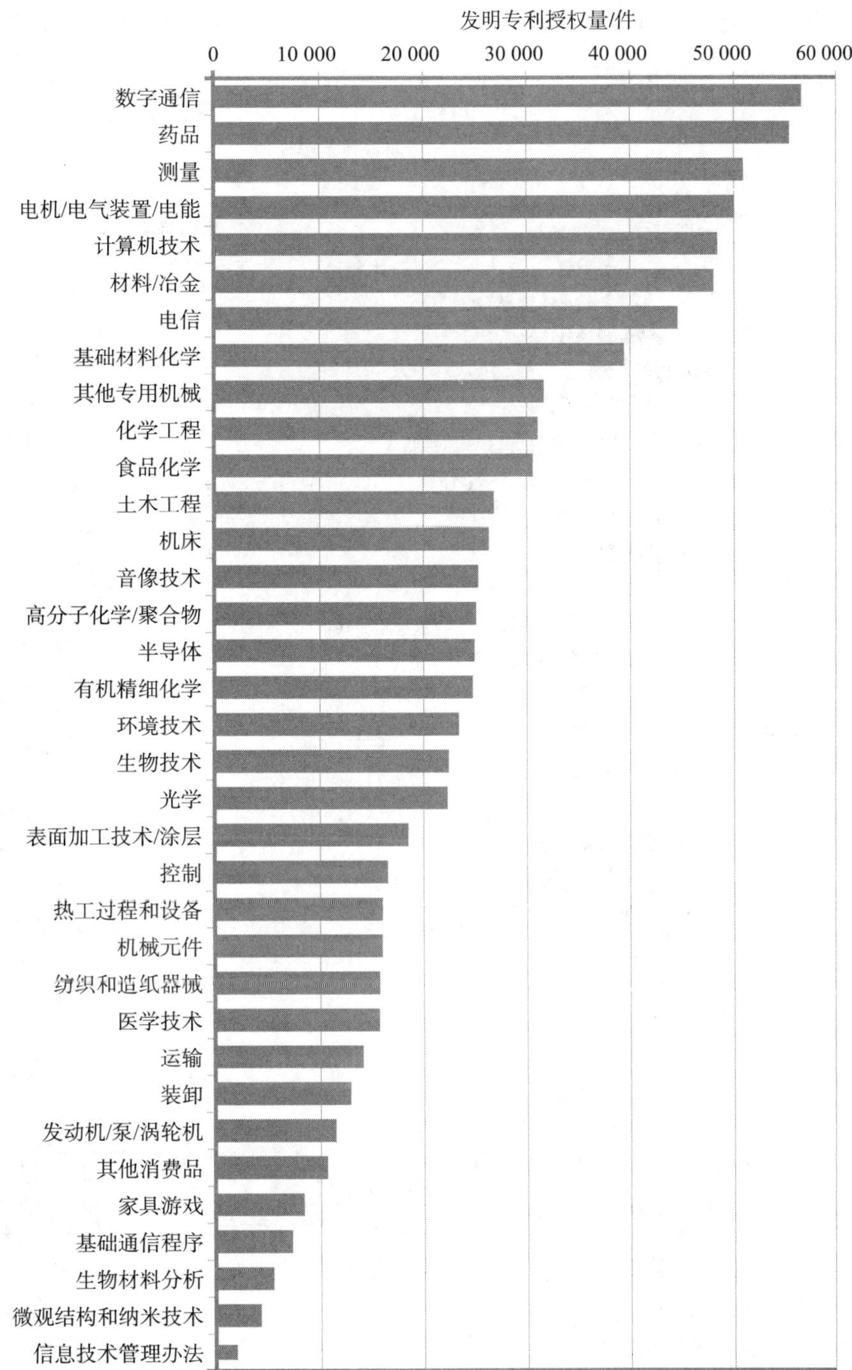

图5-16　2006～2013年中国在本国的授权发明专利WIPO35技术领域分布

2. 日本在中国的发明授权专利主要分布在音像技术、电机/电气装置/电能、光学、半导体、计算机技术、电信等领域

如图5-17所示，2006～2013年，日本在华发明授权专利数量最高的领域依次为音像技术37 240件、电机/电气装置/电能34 575件、光学32 943件、半导体28 551件、计算机技术27 712件、电信23 300件、表面加工技术/涂层16 180件、运输15 039件、测量13 587件、纺织和造纸器

械12 879件。这表明，日本在中国较侧重于音像技术、电机/电气装置/电能、光学、半导体、计算机技术、电信等领域的专利布局。

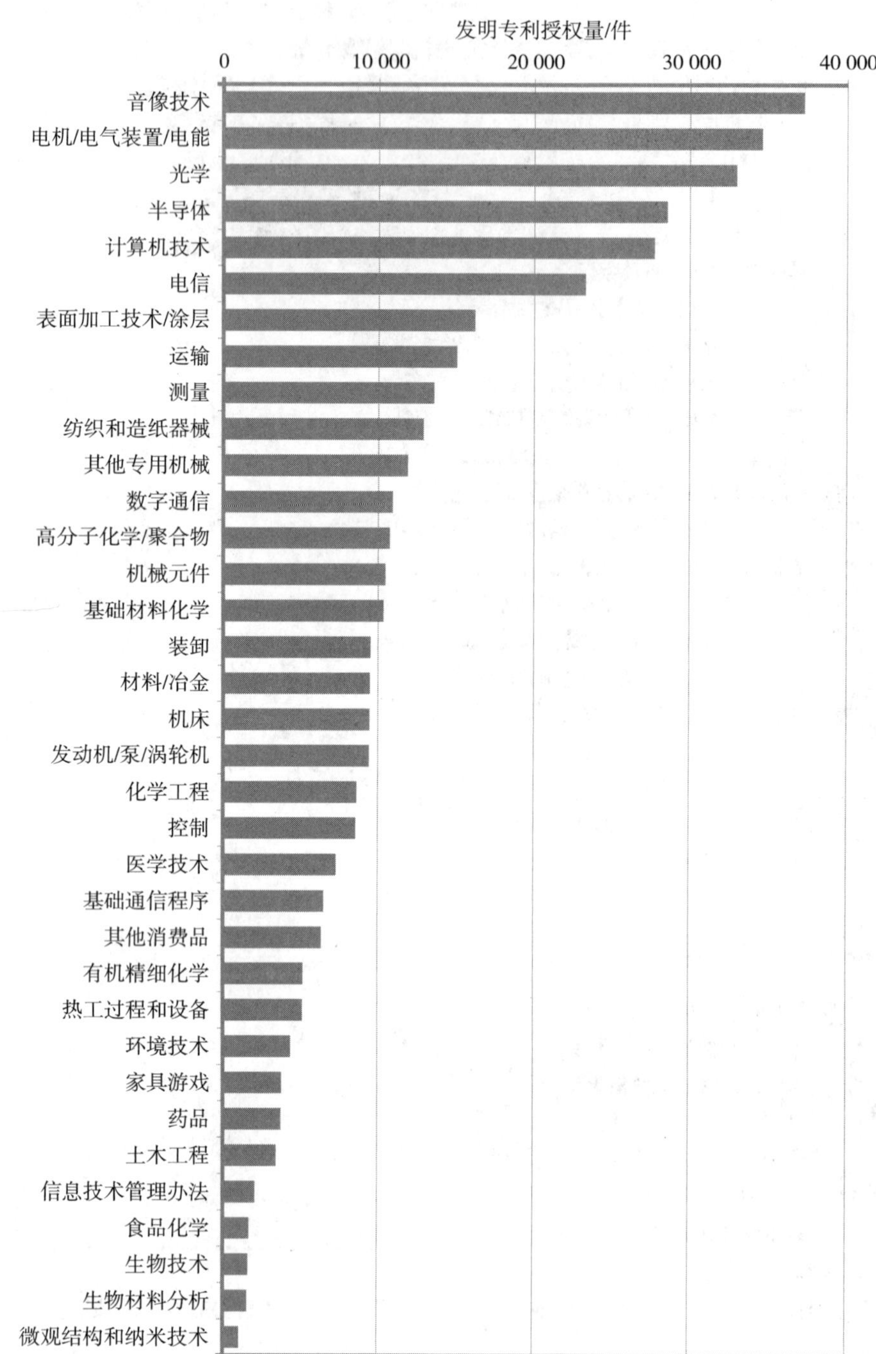

图5-17　2006～2013年日本在中国国内授权发明专利WIPO35技术领域分布

3. 美国在中国的发明授权专利主要分布在计算机技术、电信、数字通信、电机/电气装置/电能、半导体、测量、医学技术等领域

如图5-18所示，2006～2013年，美国在华发明授权专利数量最高的领域依次为计算机技术

18 840件、电信12 326件、数字通信11 778件、电机/电气装置/电能10 921件、半导体10 249件、测量7 904件、医学技术7 875件、基础材料化学7 846件、表面加工技术/涂层7 703件、音像技术7 562件。这表明，美国在中国较侧重于计算机技术、电信、数字通信、电机/电气装置/电能、半导体、测量、医学技术等领域的专利布局。

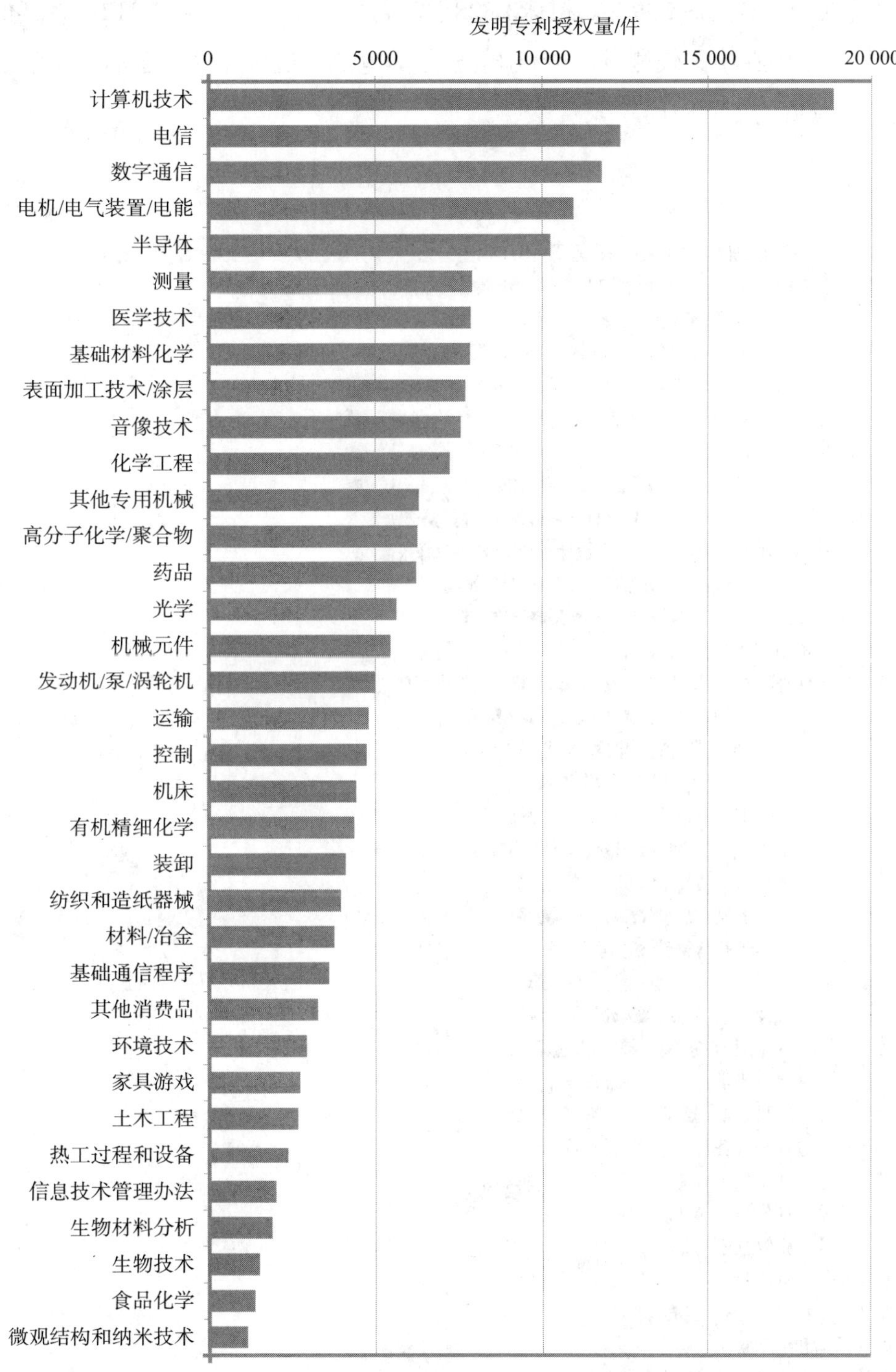

图5-18　2006～2013年美国在中国国内授权发明专利WIPO35技术领域分布

4. 德国在中国的发明授权专利主要分布在电机/电气装置/电能、机械元件、运输、化学工程、基础材料化学、测量等领域

如图5-19所示，2006～2013年，德国在华发明授权专利数量最高的领域依次为电机/电气装置/电能5 594件、机械元件4 524件、运输4 459件、化学工程3 751件、基础材料化学3 527件、测量3 493件、发动机/泵/涡轮机3 339件、机床3 328件、高分子化学/聚合物3 312件、其他专用机械3 272件。这表明，德国在中国较侧重于电机/电气装置/电能、机械元件、运输、化学工程、基础材料化学、测量等领域的专利布局。

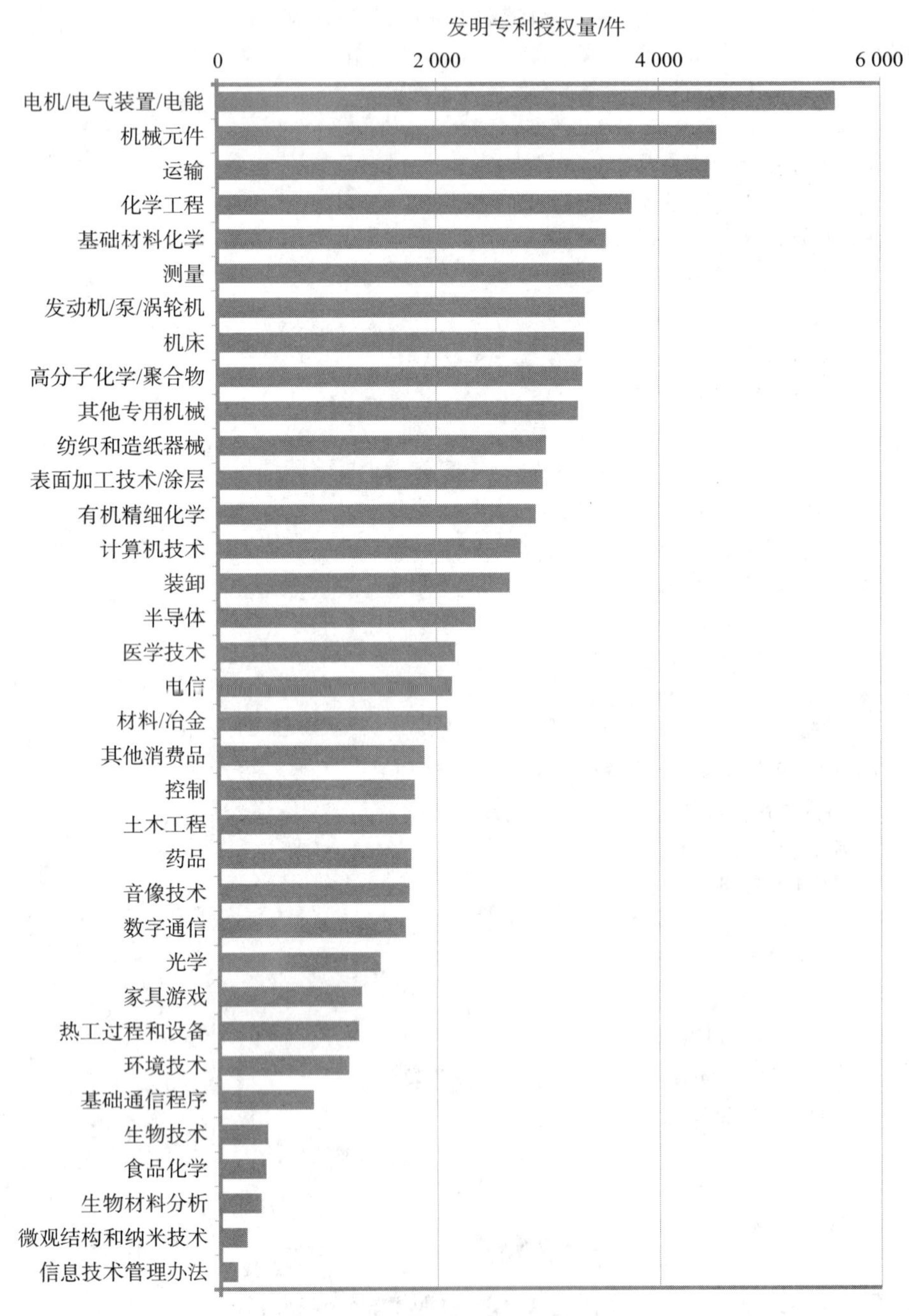

图5-19　2006～2013年德国在中国国内授权发明专利WIPO35技术领域分布

5. 韩国在中国的发明授权专利主要分布在音像技术、电机/电气装置/电能、半导体、电信、光学、计算机技术、数字通信等领域

如图5-20所示，2006～2013年，韩国在华发明授权专利数量最高的领域依次为音像技术9 696件、电机/电气装置/电能7 849件、半导体7 223件、电信7 045件、光学7 028件、计算机技术6 347件、数字通信4 313件、表面加工技术/涂层2 020件、热工过程和设备1 968件、其他消费品1 955件。这表明，韩国在中国较侧重于音像技术、电机/电气装置/电能、半导体、电信、光学、计算机技术、数字通信等领域的专利布局。

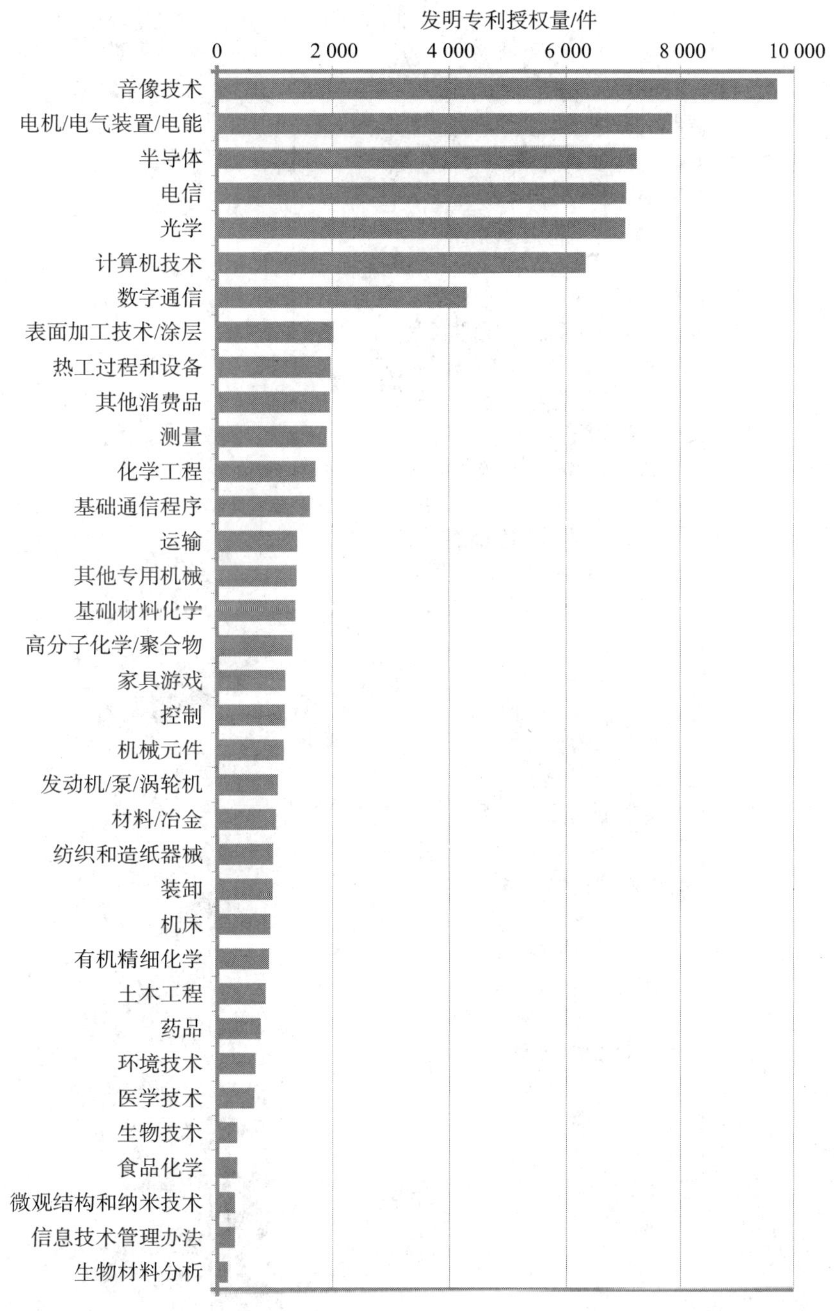

图5-20　2006～2013年韩国在中国国内授权发明专利WIPO35技术领域分布

6. 法国在中国的发明授权专利主要分布在电信、计算机技术、电机/电气装置/电能、数字通信、运输等领域

如图5-21所示，2006～2013年，法国在华发明授权专利数量最高的领域依次为电信2 820件、计算机技术2 051件、电机/电气装置/电能2 003件、数字通信1 965件、运输1 941件、音像技术1 821件、化学工程1 327件、其他专用机械1 245件、表面加工技术/涂层1 137件、测量1 113件。这表明，法国在中国较侧重于电信、计算机技术、电机/电气装置/电能、数字通信、运输等领域的专利布局。

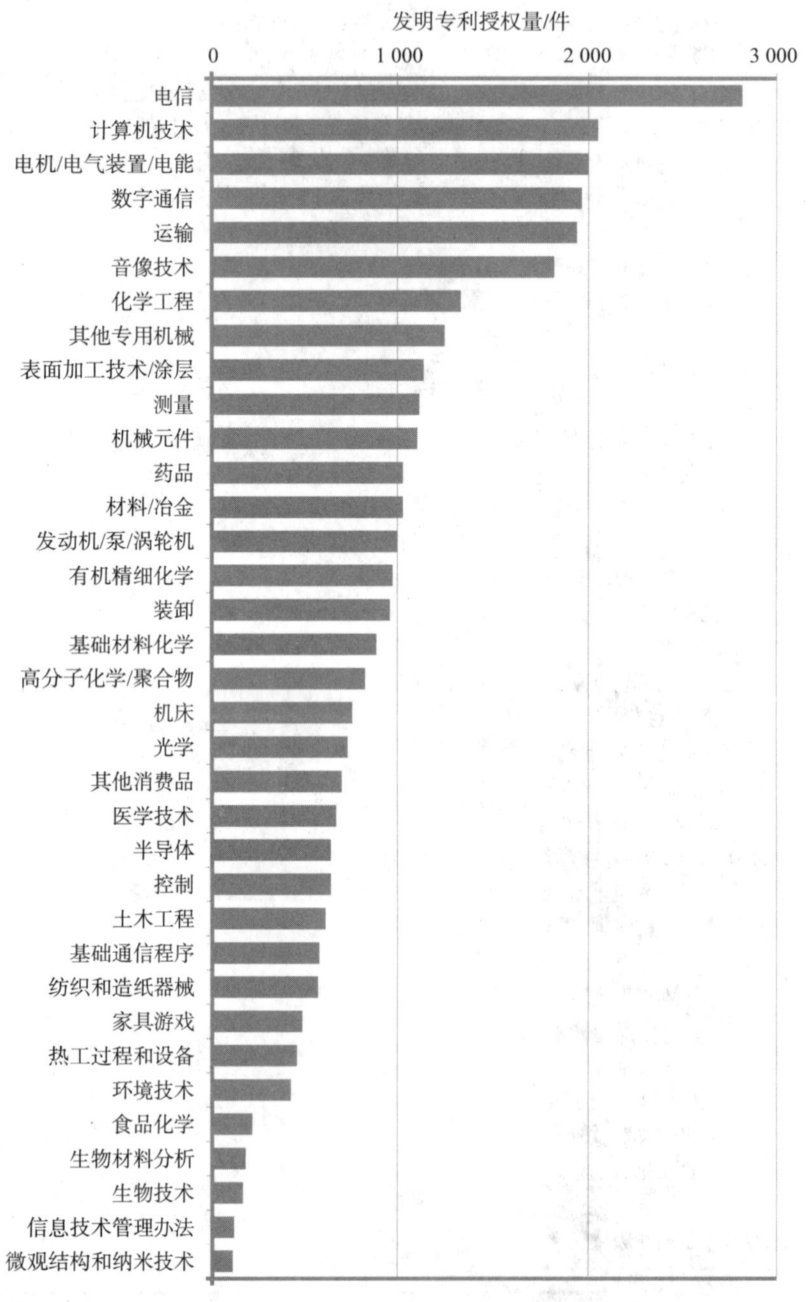

图5-21　2006～2013年法国在中国国内授权发明专利WIPO35技术领域分布

7. 瑞士在中国的发明授权专利主要分布在药品、测量、装卸、医学技术、基础材料化学等领域

如图5-22所示，2006～2013年，瑞士在华发明授权专利数量最高的领域依次为药品1 976件、测量1 420件、装卸1 397件、医学技术1 319件、基础材料化学1 232件、电机/电气装置/电能1 086件、纺织和造纸器械993件、其他专用机械942件、有机精细化学897件、化学工程830件。这表明，瑞士在中国较侧重于药品、测量、装卸、医学技术、基础材料化学、电机/电气装置/电能等领域的专利布局。

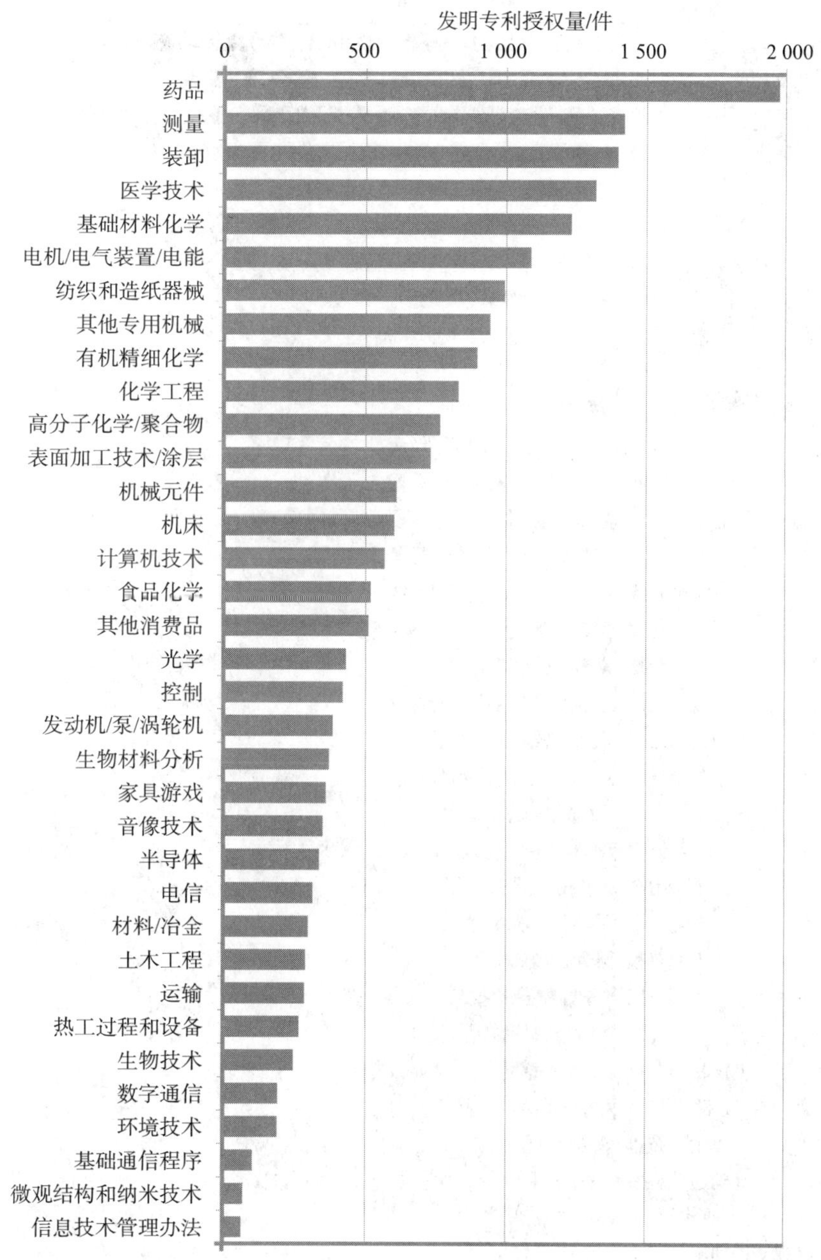

图5-22　2006～2013年瑞士在中国国内授权发明专利WIPO35技术领域分布

8. 英国在中国的发明授权专利主要分布在药品、电机/电气装置/电能、化学工程、测量、医学技术、基础材料化学等领域

如图5-23所示，2006～2013年，英国在华发明授权专利数量最高的领域依次为药品841件、电机/电气装置/电能791件、化学工程756件、测量749件、医学技术695件、基础材料化学687件、计算机技术685件、电信541件、有机精细化学506件、机械元件477件。这表明，英国在中国较侧重于药品、电机/电气装置/电能、化学工程、测量、医学技术、基础材料化学等领域的专利布局。

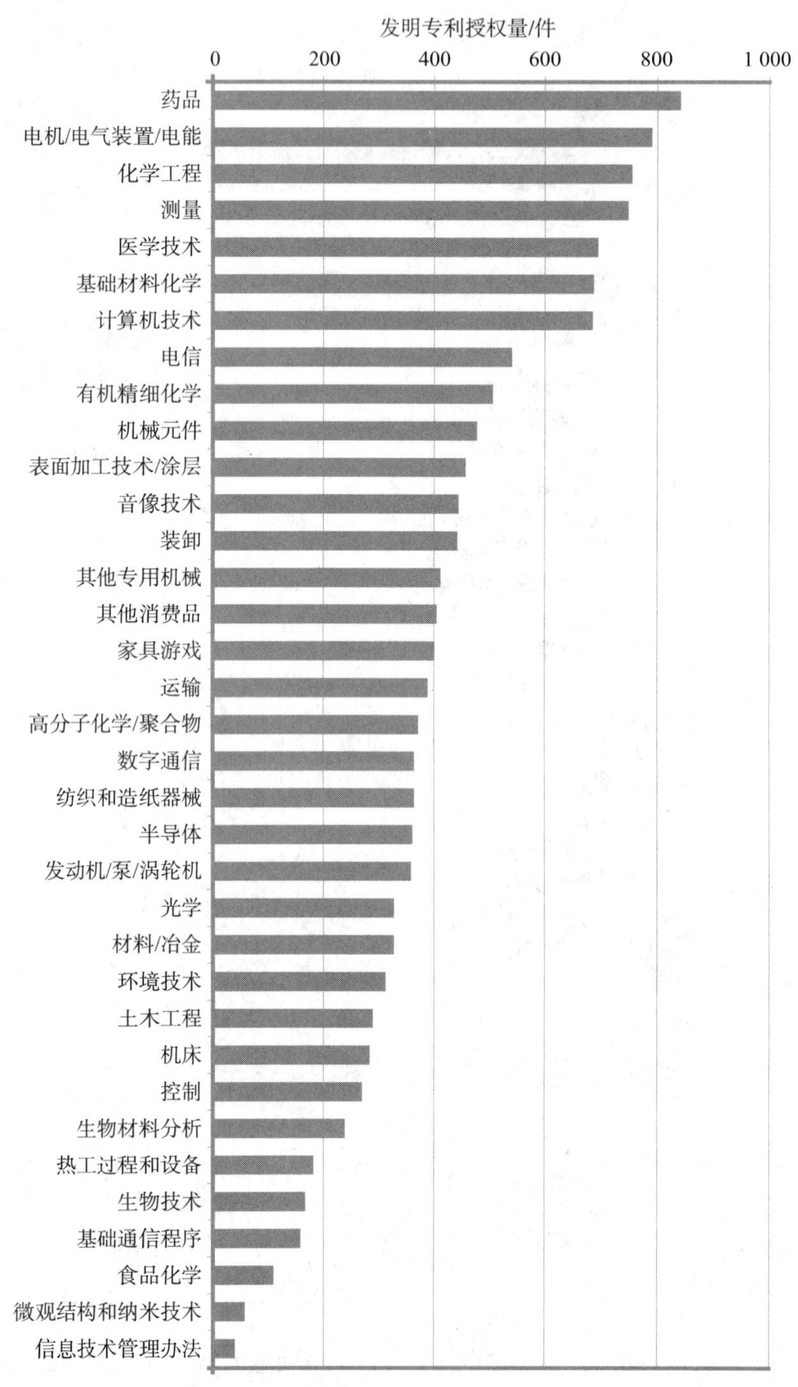

图5-23　2006～2013年英国在中国国内授权发明专利WIPO35技术领域分布

9. 俄罗斯在中国的发明授权专利主要分布在发动机/泵/涡轮机、化学工程、药品、材料/冶金、测量、基础材料化学等领域

如图5-24所示，2006～2013年，俄罗斯在华发明授权专利数量最高的领域依次为发动机/泵/涡轮机41件、化学工程38件、药品36件、材料/冶金32件、测量28件、基础材料化学28件、电机/电气装置/电能26件、控制24件、运输24件、计算机技术23件。这表明，俄罗斯在中国较侧重于发动机/泵/涡轮机、化学工程、药品、材料/冶金、测量、基础材料化学等领域的专利布局。

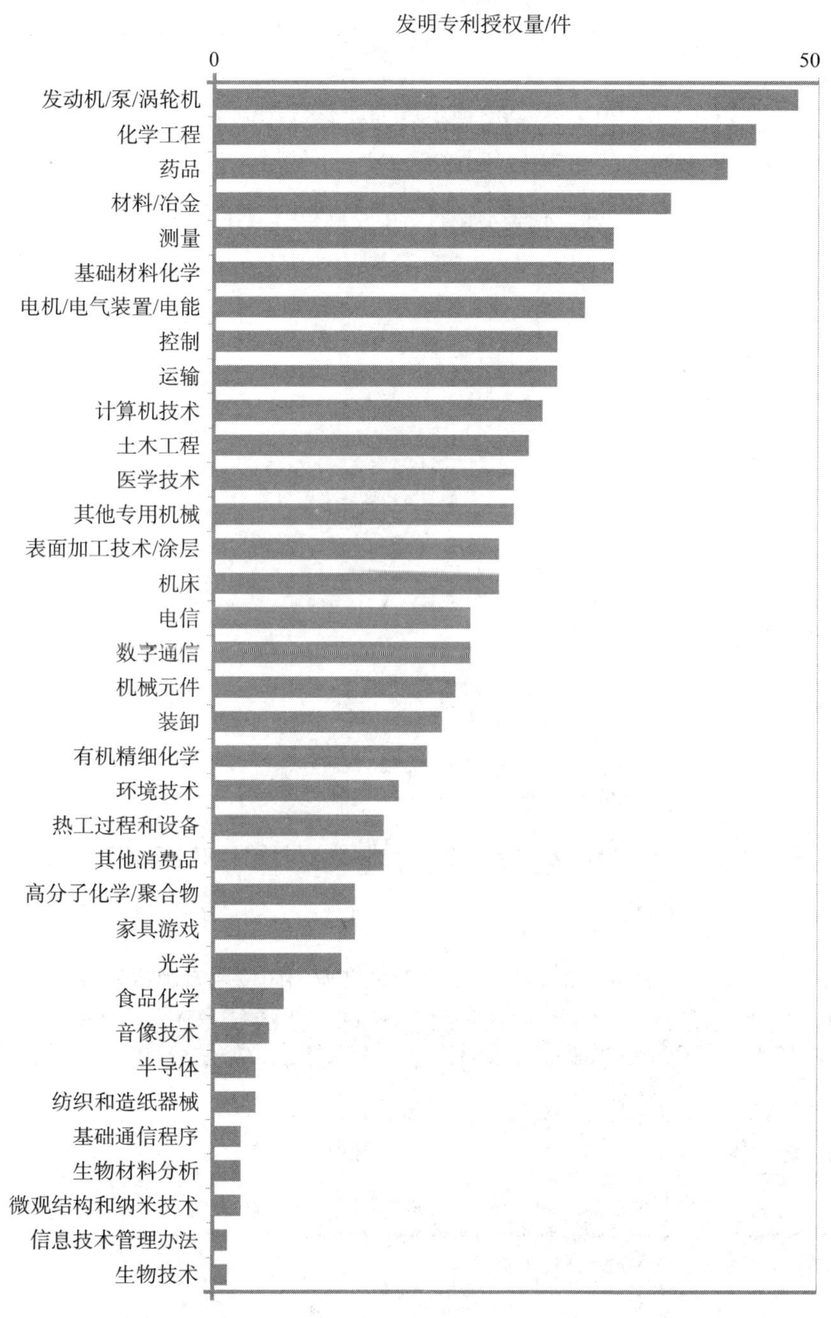

图5-24　2006～2013年俄罗斯在中国国内授权发明专利WIPO35技术领域分布

数据来源：CNABS。

第三节　战略性新兴产业国内专利布局情况

本节以2006～2013年战略性新兴产业国内发明专利授权量为研究基础，从年度、国别、产业三个维度对战略性新兴产业国内专利布局情况进行分析。

一、2006～2013年战略性新兴产业国内发明专利授权量呈快速增长趋势

如图5-25和表5-3所示，2006～2013年，战略性新兴产业国内发明专利授权量呈快速增长趋势，2013年达到65 936件。2009年、2011年及2012年发明授权专利增长率均超过30个百分点。数据表明，战略性新兴产业国内发明专利授权增长态势良好，国内技术创新能力日益增强。

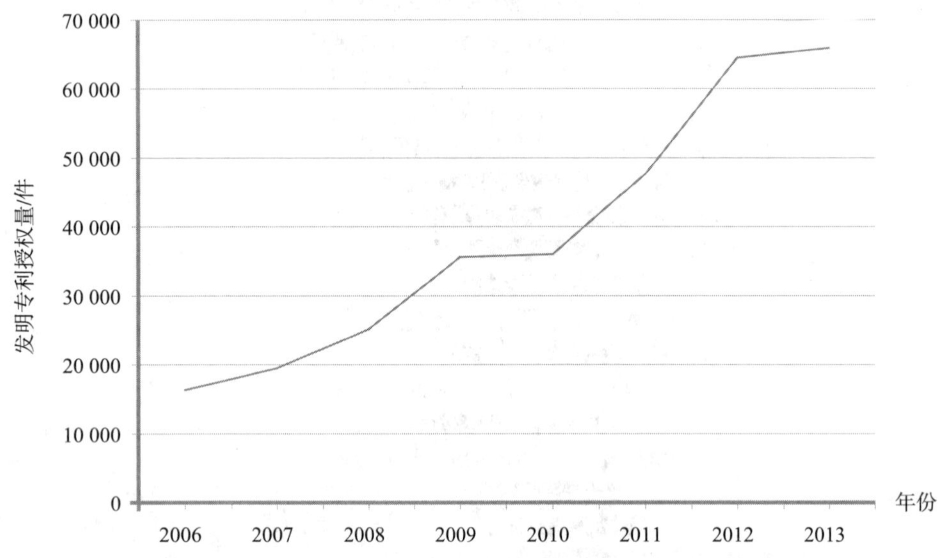

图5-25　2006～2013年战略性新兴产业国内发明专利授权量年度趋势

数据来源：战略性新兴产业专利检索系统。

表5-3　2006～2013年战略性新兴产业国内发明专利授权量

授权年份	2006	2007	2008	2009	2010	2011	2012	2013
发明专利授权量/件	16 329	19 470	25 180	35 610	36 010	47 699	64 438	65 936
增长率	—	19.24%	29.33%	41.42%	1.12%	32.46%	35.09%	2.32%

数据来源：战略性新兴产业专利检索系统。

二、66%的战略性新兴产业中国发明授权专利申请人国籍为中国，日本和美国在中国专利布局占比较高

如图5-26所示，2006～2013年，战略性新兴产业中国发明授权专利的申请人主要为中国籍，中国籍申请人获得的发明专利授权量为205 012件，约占中国授权专利总量的66%；其次是日本籍申请人和美国籍申请人的发明专利授权量较多，分别为45 512件、22 370件，占中国授权专利总量的14.65%、7.2%，表明日本和美国在中国的专利布局占有较高份额。

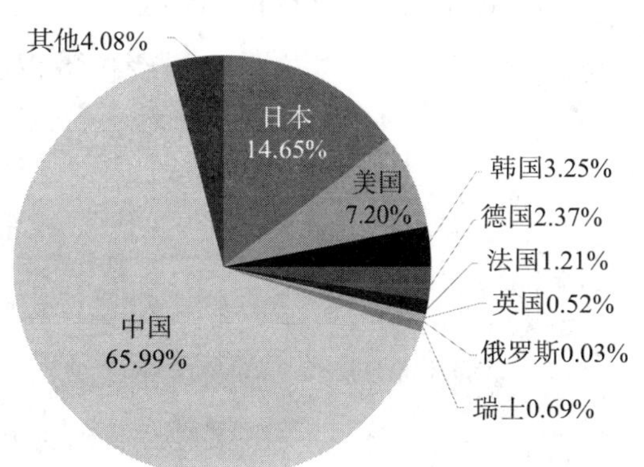

图5-26　2006～2013年战略性新兴产业中国发明授权专利来源国分布

数据来源：战略性新兴产业专利检索系统。

如图5-27所示，2006～2013年，九国在中国的战略性新兴产业发明专利授权量发展趋势表现为：除中国的发明专利授权量逐年持续快速增长以外，其他八国均保持平稳态势。

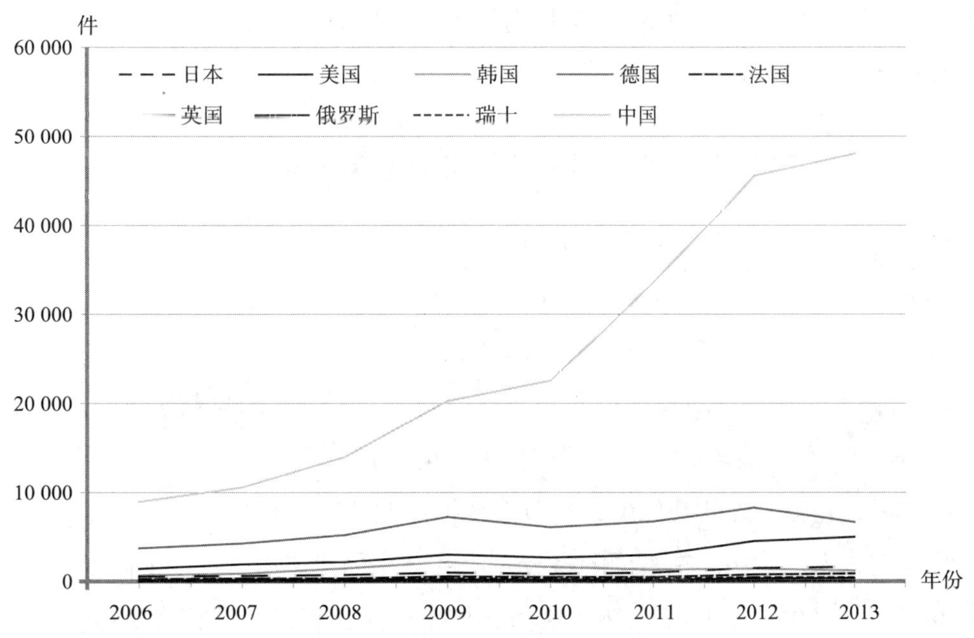

图5-27　2006～2013年九国在中国的战略性新兴产业发明专利授权量趋势

数据来源：战略性新兴产业专利检索系统。

三、2006～2013年战略性新兴产业中国发明授权专利集中在生物产业、新一代信息技术产业、节能环保产业

如图5-28所示，2006～2013年，中国授权发明专利主要集中在生物产业、新一代信息

技术产业、节能环保产业，授权量分别为93 301件、89 232件、76 194件。新材料产业、高端装备制造产业、新能源产业、新能源汽车产业发明专利授权量分别为47 576件、15 639件、13 801件、3 172件，远低于生物产业、新一代信息技术产业、节能环保产业，尤其是新能源汽车产业，其发明专利授权量仅为3 172件。

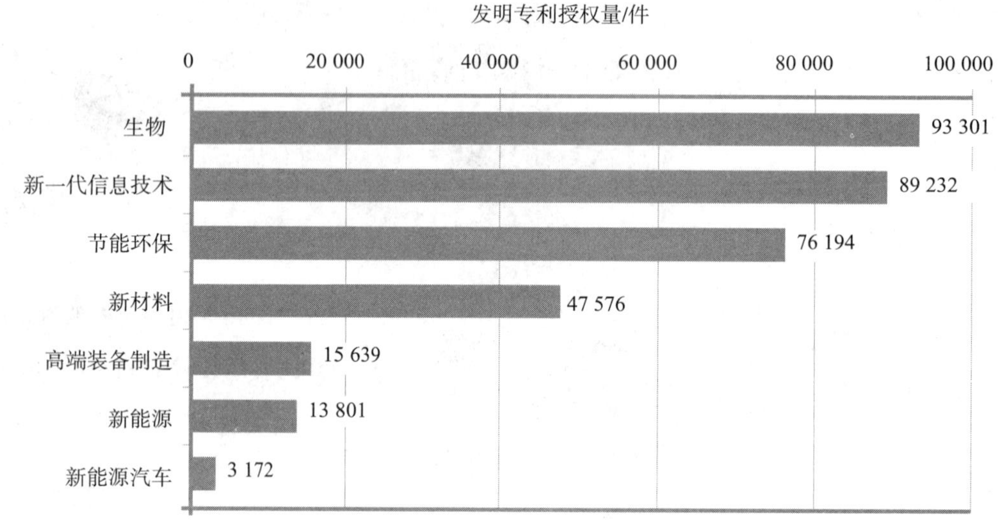

图5-28　2006～2013年战略性新兴产业中国发明授权专利产业分布

数据来源：战略性新兴产业专利检索系统。

四、七大战略性新兴产业各国在华的授权发明专利布局

1. 节能环保产业中国在本国的授权发明专利布局份额最高，日本次之

如图5-29所示，2006～2013年，节能环保产业在华授权发明专利数量中占比最多的是中国，占72.64%（55 350件）；其次是日本12%（9 140件）、美国4.63%（3 526件）、德国2.82%（2 149件）、韩国2.48%（1 887件）；九国之外的其他专利来源国总共占据了该产业发明专利授权量3.62%的份额。在节能环保产业，中国在本国的授权发明专利布局份额最高，日本较注重在中国的专利布局，九国之外的其他国家在节能环保产业的布局较少。

2. 新一代信息技术产业中国在本国的授权发明专利布局中占据半数以上的份额

如图5-30所示，2006～2013年，新一代信息技术产业在华发明授权专利数量中，份额最高的是中国，占52.32%（46 690件），其次是日本23.37%（20 850件）、美国9.2%（8 205件）、韩国7.5%（6 693件），德国、法国、英国、瑞士、俄罗斯五个国家在新一代信息技术产业的布局占比仅为3.3%，九国之外的其他专利来源国总共占据了该产业发明专利授权量其余4.32%的份额。在新一代信息技术产业，中国在本国的专利布局优势明显，日本在中国布局了较多专利，九国之外的其他国家在新一代信息技术产业的布局较少。

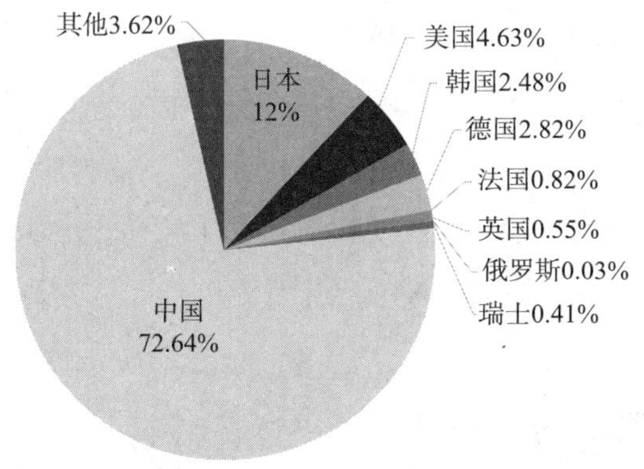

图5-29　2006～2013年各国在节能环保产业的中国授权发明专利布局

数据来源：战略性新兴产业专利检索系统。

其他4.32%
日本
23.37%
美国
9.20%
韩国
7.50%
德国1.14%
法国1.55%
中国
52.32%
英国0.32%
俄罗斯0.01%
瑞士0.27%

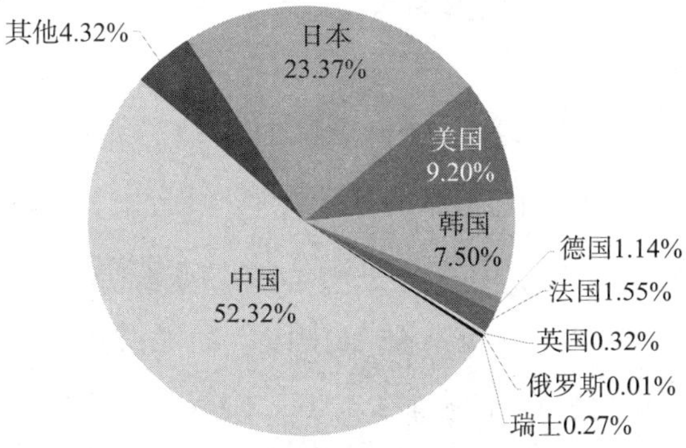

图5-30　2006～2013年各国在新一代信息技术产业的中国授权发明专利布局

数据来源：战略性新兴产业专利检索系统。

3. 生物产业中国在本国的授权发明专利布局占整体份额的3/4

如图5-31所示，2006～2013年，生物产业在华发明授权专利数量中，份额最高的是中国，占75.39%（70 341件）；其次是美国7.19%（6 713件）、日本6.87%（6 409件）、德国2.1%（1 955件）、瑞士1.42%（1 329件）；九国之外的其他专利来源国总共占据了该产业发明专利授权量其余4.71%的份额。在生物产业，中国在本国进行了优势显著的专利布局，日本、美国在中国也有专利布局，九国之外的其他国家在中国生物产业的布局较少。

4. 高端装备制造产业中国在本国的授权发明专利布局占比最高，日本、美国次之

如图5-32所示，2006～2013年，高端装备制造产业在华发明授权专利数量中，份额最高的是中国，占68.11%（10 652件）；其次是日本12.37%（1 935件）、美国5.84%（913件）、法国3.41%（534件）、德国3.33%（520件）；九国之外的其他专利来源国总共占据了该产业发明专利授权量其余3.56%的份额。在高端装备制造产业，中国在本国的专利布局优势明显，日本在中国布局了较多专利，九国之外的其他国家在中国的高端装备制造产业布局较少。

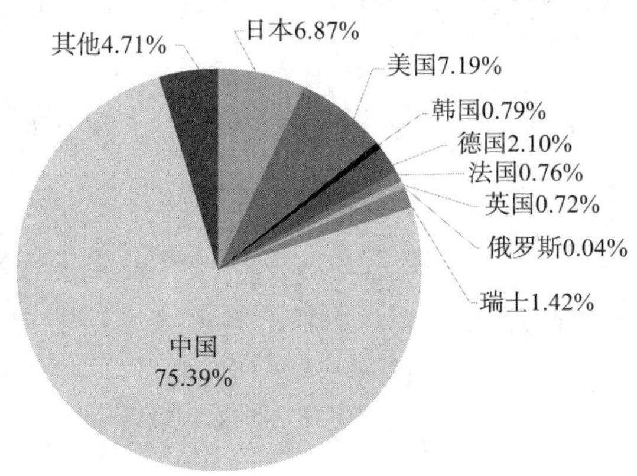

图5-31　2006～2013年各国在生物产业的中国授权发明专利布局

数据来源：战略性新兴产业专利检索系统。

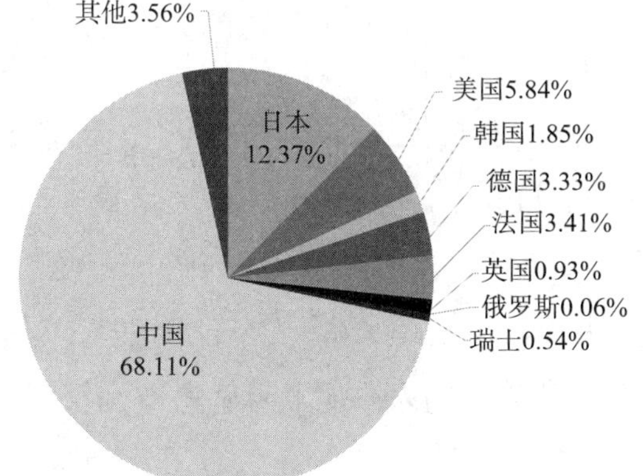

图5-32　2006～2013年各国在高端装备制造产业的中国授权发明专利布局

数据来源：战略性新兴产业专利检索系统。

5. 新能源产业中国在本国的授权发明专利布局占整体份额的近八成

如图5-33所示，2006～2013年，新能源产业在华发明授权专利数量中，份额最高的是中国，占近八成（10 650件）；其次是日本6.6%（911件）、美国5.06%（699件）、德国3.38%（466件）；九国之外的其他专利来源国总共占据了该产业发明专利授权量其余4.42%的份额。在新能源产业，中国在本国的专利布局优势显著，日本、美国、韩国在中国也进行了专利布局，九国之外的其他国家在中国的新能源产业布局较少。

6. 新材料产业中国在本国的授权发明专利布局占整体份额的近七成

如图5-34所示，2006～2013年，新材料产业在华发明授权专利数量中，份额最高的是中国，占67.54%（32 132件）；其次是日本16.86%（8 020件）、美国6.28%（2 989件）、德国3.28%（1 559件）；九国之外的其他专利来源国总共占据了该产业发明专利授权量其余2.44%的份额。在新材料产业，中国在本国的专利布局优势明显，日本在中国布局了较多专利，九国之外的其他国家在中国的新材料产业布局较少。

其他4.42%
日本6.60%
美国5.06%
韩国1.35%
德国3.38%
法国1.24%
英国0.41%
俄罗斯0.14%
瑞士0.22%
中国
77.17%

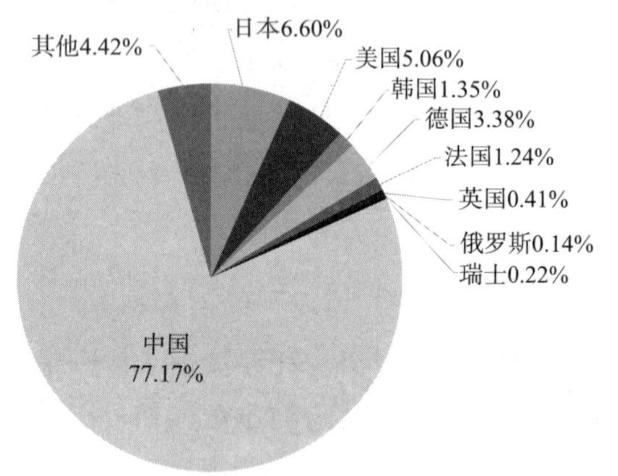

图5-33　2006～2013年各国在新能源产业的中国授权发明专利布局

数据来源：战略性新兴产业专利检索系统。

其他2.44%
日本
16.86%
美国6.28%
韩国1.62%
德国3.28%
法国1.15%
英国0.35%
俄罗斯0.03%
瑞士0.46%
中国
67.54%

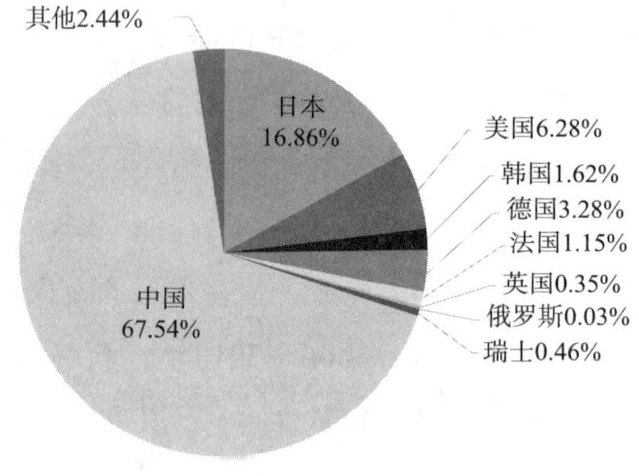

图5-34　2006～2013年各国在新材料产业的中国授权发明专利布局

数据来源：战略性新兴产业专利检索系统。

7. 新能源汽车产业日本在中国的授权发明专利布局所占份额几乎与中国持平

如图5-35所示，2006～2013年，新能源汽车在华发明授权专利数量中，份额最高的是中国，占41.11%（1 304件）；其次是日本37.89%（1 202件）、美国13.84%（439件）、韩国3.06%（97件）、德国2.24%（71件）；九国之外的其他专利来源国总共占据了该产业发明专利授权量其余0.76%的份额。在新能源汽车产业，日本获得授权的发明专利所占份额几乎与中国持平，我国并未在国内体现出明显优势。

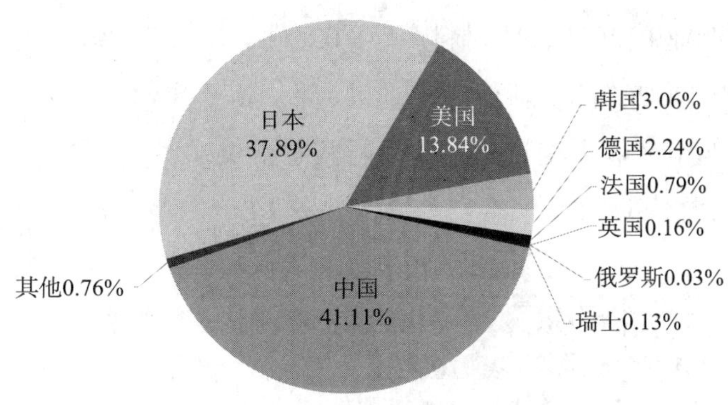

图5-35　2006～2013年各国在新能源汽车产业的中国授权发明专利布局

数据来源：战略性新兴产业专利检索系统。

五、主要专利来源国授权发明专利七大战略性新兴产业分布情况

1. 中国在本国的授权发明专利主要分布在生物产业、节能环保产业、新一代信息技术产业

如图5-36所示，2006～2013年，中国在本国的发明专利授权量最高的产业为生物产业，发明专利授权量达到70 341件；其次是节能环保产业55 350件、新一代信息技术产业46 690件，新材料产业32 132件、高端装备制造产业10 652件、新能源产业10 650件、新能源汽车产业1 304件。生物产业、节能环保产业、新一代信息技术产业分别占中国在本国总授权量的31%、24%、20%，该三个产业占据中国在本国总授权量的3/4，表明中国在本国的授权发明专利布局侧重于生物产业、节能环保产业、新一代信息技术产业。

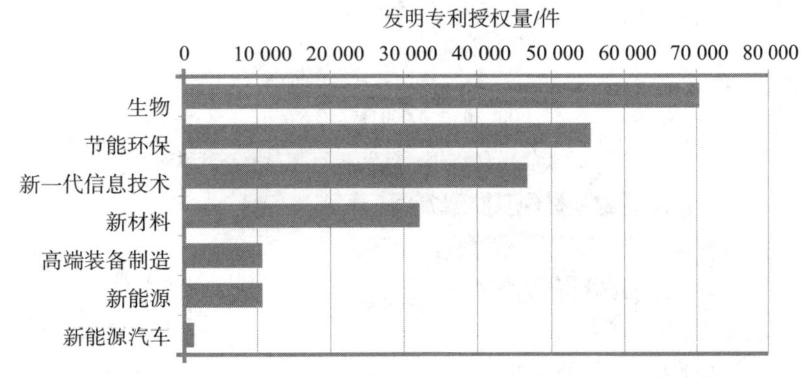

图5-36　2006～2013年中国在本国授权发明专利七大战略性新兴产业分布

数据来源：战略性新兴产业专利检索系统。

2. 日本在华的授权发明专利主要分布在新一代信息技术产业、节能环保产业、新材料产业、生物产业

如图5-37所示，2006～2013年，日本在华发明专利授权量最高的产业为新一代信息技术产业，发明专利授权量达到20 850件，占日本在华总授权量的43%，发明专利授权量远远高于其他

产业。其次是节能环保产业9 140件、新材料产业8 020件、生物产业6 409件、高端装备制造产业1 935件、新能源汽车产业1 202件、新能源产业911件。新一代信息技术产业、节能环保产业、新材料产业、生物产业四个产业占据日本在华总授权量的92%。

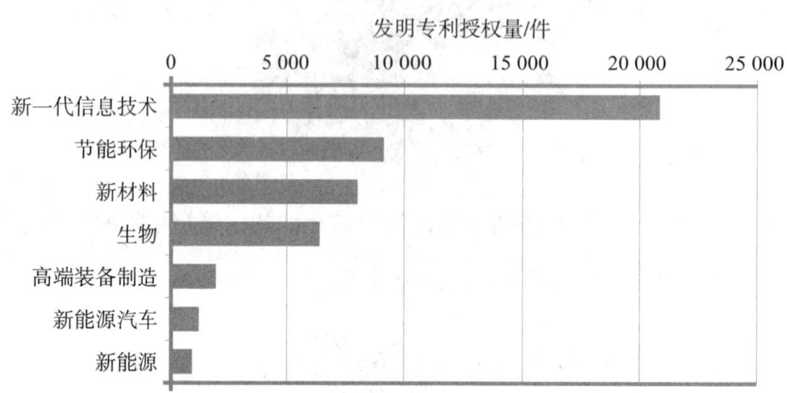

图5-37　2006～2013年日本在华授权发明专利七大战略性新兴产业分布

数据来源：战略性新兴产业专利检索系统。

3. 美国在华的授权发明专利主要分布在新一代信息技术产业、生物产业

如图5-38所示，2006～2013年，美国在华发明专利授权量较高的产业为新一代信息技术产业和生物产业，发明专利授权量分别为8 205件和6 713件，分别占美国在华总授权量的35%和28%。其次是节能环保产业3 526件、新材料产业2 989件、高端装备制造产业913件、新能源产业699件、新能源汽车产业439件。新一代信息技术产业和生物产业占美国在华总授权量的63%，两个产业的发明专利授权量远高于其他五个产业。

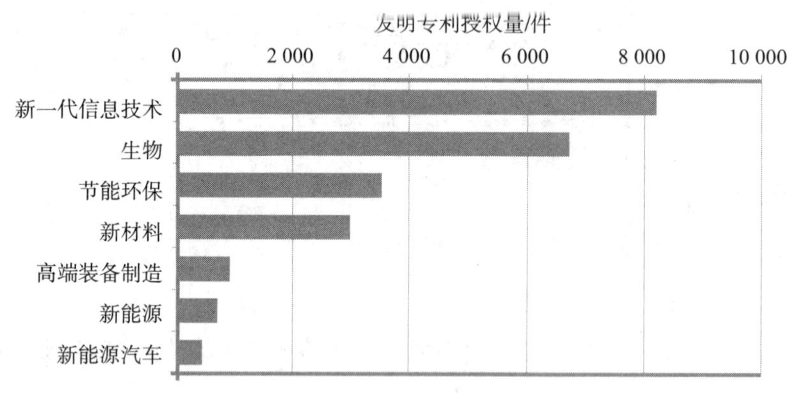

图5-38　2006～2013年美国在华授权发明专利七大战略性新兴产业分布

数据来源：战略性新兴产业专利检索系统。

4. 韩国在华的授权发明专利主要分布在新一代信息技术产业

如图5-39所示，2006～2013年，韩国在华发明专利授权量最高的产业为新一代信息技术产业，发明专利授权量达到6 693件，占韩国在华总授权量的63%，发明专利授权量远远高于其他

产业。其次是节能环保产业1 887件、新材料产业770件、生物产业738件、高端装备制造产业289件、新能源产业187件、新能源汽车产业97件。

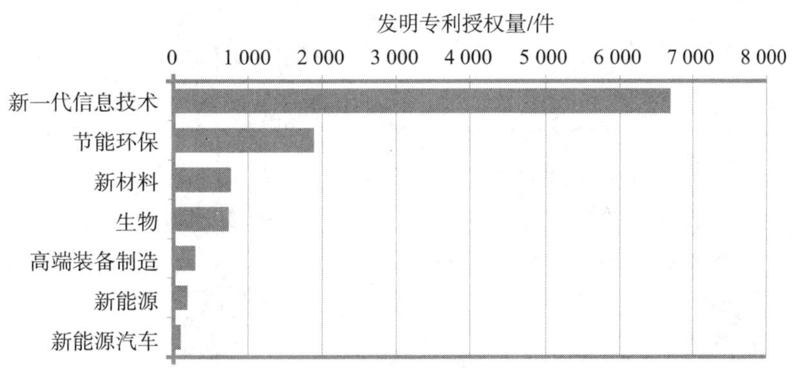

图5-39 2006～2013年韩国在华授权发明专利七大战略性新兴产业分布

数据来源：战略性新兴产业专利检索系统。

5. 德国在华的授权发明专利主要分布在节能环保产业、生物产业、新材料产业、新一代信息技术产业

如图5-40所示，2006～2013年，德国在华发明专利授权量最高的产业为节能环保产业，发明专利授权量达到2 149件；其次是生物产业1 955件、新材料产业1 559件、新一代信息技术产业1 016件、高端装备制造产业520件、新能源产业466件、新能源汽车产业71件。节能环保产业、生物产业、新材料产业、新一代信息技术产业分别占德国在华总授权量的28%、25%、20%、13%，整体占据德国在华总授权量的86%。

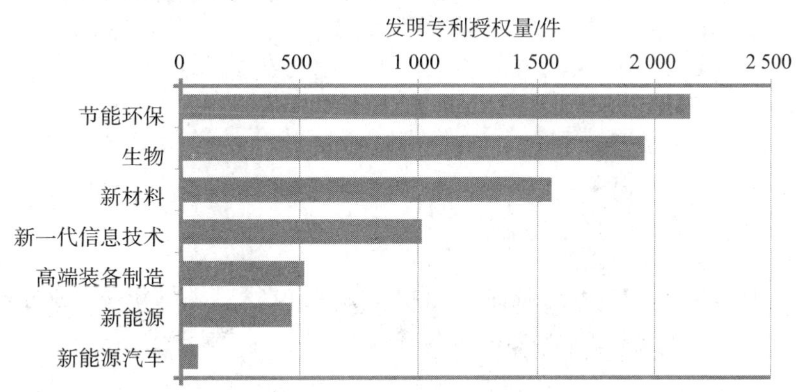

图5-40 2006～2013年德国在华授权发明专利七大战略性新兴产业分布

数据来源：战略性新兴产业专利检索系统。

6. 法国在华的授权发明专利主要分布在新一代信息技术产业、生物产业、节能环保产业

如图5-41所示，2006～2013年，法国在华发明专利授权量最高的产业为新一代信息技术产业，发明专利授权量达到1 386件，发明专利授权量远高于其他产业；其次是生物产业708件、节

能环保产业625件、新材料产业546件、高端装备制造产业534件、新能源产业171件、新能源汽车产业25件。新一代信息技术产业、生物产业、节能环保产业占法国在华总授权量的近七成。

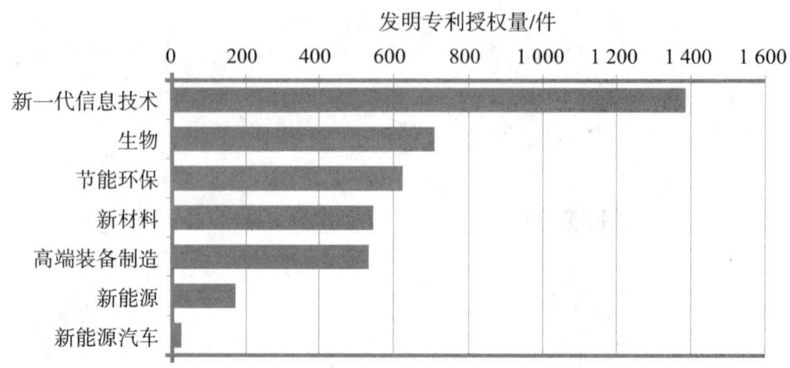

图5-41　2006～2013年法国在华授权发明专利七大战略性新兴产业分布

数据来源：战略性新兴产业专利检索系统。

7. 英国在华的授权发明专利主要分布在生物产业、节能环保产业、新一代信息技术产业

如图5-42所示，2006～2013年，英国在华发明专利授权量最高的产业为生物产业，发明专利授权量为674件，占英国在华总授权量的近四成；其次是节能环保产业418件、新一代信息技术产业285件、新材料产业167件、高端装备制造产业146件、新能源产业57件、新能源汽车产业5件。生物产业、节能环保产业、新一代信息技术产业占英国在华总授权量的近八成。

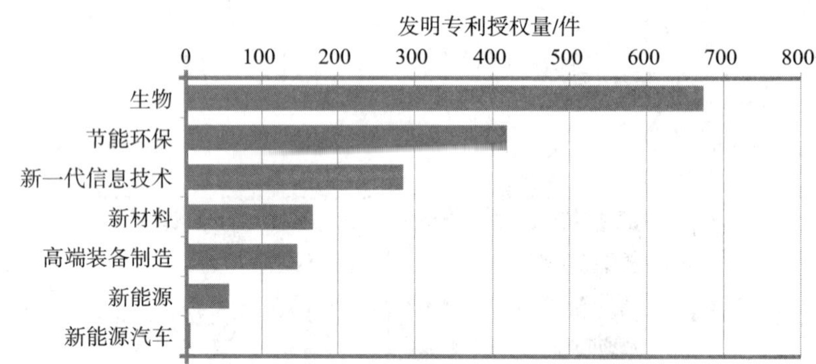

图5-42　2006～2013年英国在华授权发明专利七大战略性新兴产业分布

数据来源：战略性新兴产业专利检索系统。

8. 俄罗斯在华的授权发明专利主要分布在生物产业、节能环保产业、新能源产业

如图5-43所示，2006～2013年，俄罗斯在华发明专利授权量最高的产业为生物产业，发明专利授权量为36件，占俄罗斯在华总授权量的近1/3；其次是节能环保产业24件、新能源产业19件、新材料产业12件、新一代信息技术产业11件、高端装备制造产业9件、新能源汽车产业1件。生物产业、节能环保产业、新能源产业占俄罗斯在华总授权量的七成。

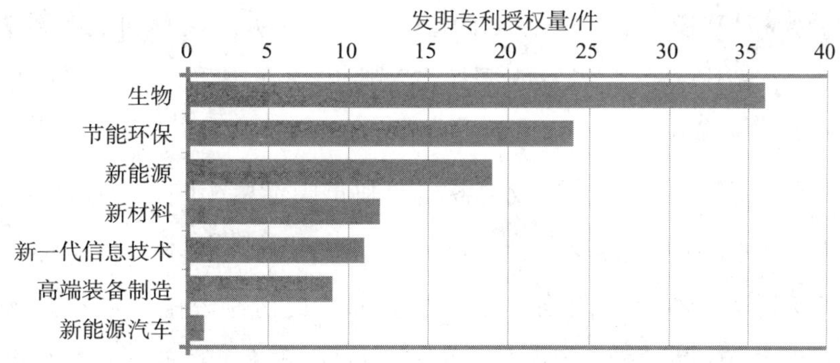

图5-43　2006～2013年俄罗斯在华授权发明专利七大战略性新兴产业分布

数据来源：战略性新兴产业专利检索系统。

9. 瑞士在华的授权发明专利主要分布在生物产业

如图5-44所示，2006～2013年，瑞士在华的发明专利授权量最高的产业为生物产业，发明专利授权量达到1 329件，占瑞士在华总授权量的六成，发明专利授权量远远高于其他产业。其次是节能环保产业314件、新一代信息技术产业241件、新材料产业219件、高端装备制造产业84件、新能源产业31件、新能源汽车产业4件。

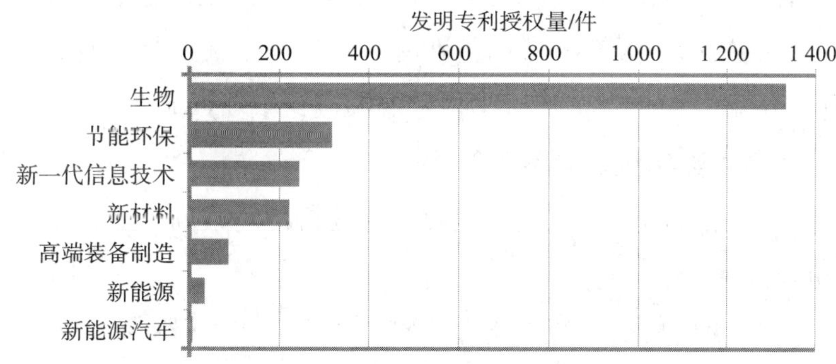

图5-44　2006～2013年瑞士在华授权发明专利七大战略性新兴产业分布

数据来源：战略性新兴产业专利检索系统。

第四节　本章小结

1. 基于发明申请量的快速增加，中国国内的发明专利授权量在2006～2013年总体呈快速增长态势，其中战略性新兴产业的发明专利授权量增长趋势尤为明显。

2. 2006～2013年，中国主要在本国进行专利布局，日本、美国在中国的专利布局份额较高。

3. 中国在国内拥有的有效专利数量占据绝对优势，日本、美国次之，中国、日本、韩国、德国的专利权存活率较高。

4. 2006～2013年，从WIPO35技术领域角度看，在华发明授权专利主要集中在电气工程类领域；从战略性新兴产业角度看，在华发明授权专利则集中在生物、新一代信息技术、节能环保三个产业。

5. 中国国内技术创新活力前十强领域中各国专利布局不尽相同。电机/电气装置/电能领域中国主要在本国布局，日本在中国的专利布局份额较高；计算机技术、数字通信、电信领域中国在本国布局了较多专利，日本、美国均在中国的专利布局份额较高；测量、药品、基础材料化学、材料/冶金、其他专用机械领域中国均在本国占据明显较高的专利布局份额；音像技术领域日本在中国的专利布局比重较大。

6. 各国在中国获得发明授权专利的主要技术领域有所差异。中国的本国专利主要分布在数字通信、药品、测量、电机/电气装置/电能、计算机技术领域；日本专利主要分布在音像技术、电机/电气装置/电能、光学、半导体、计算机技术、电信等领域；美国专利主要分布在计算机技术、电信、数字通信、电机/电气装置/电能、半导体、测量、医学技术等领域；德国专利主要分布在电机/电气装置/电能、机械元件、运输、化学工程、基础材料化学等领域；韩国专利主要分布在音像技术、电机/电气装置/电能、半导体、电信、光学、计算机技术、数字通信等领域；法国专利主要分布在电信、计算机技术、电机/电气装置/电能、数字通信、运输等领域；瑞士专利主要分布在药品、测量、装卸、医学技术、基础材料化学等领域；英国专利主要分布在药品、电机/电气装置/电能、化学工程、测量、医学技术等领域；俄罗斯专利主要分布在发动机/泵/涡轮机、化学工程、药品、材料/冶金、测量等领域。

7. 七大战略性新兴产业中国在本国的授权发明专利份额均最高，占据绝对优势；仅新能源汽车产业日本所占份额几乎与中国持平。

8. 各国在中国获得发明授权专利的战略性新兴产业分布有差异；中国在本国的授权发明专利主要分布在生物产业、节能环保产业、新一代信息技术产业；日本在华的授权发明专利主要分布在新一代信息技术产业、节能环保产业、新材料产业、生物产业；美国在华的授权发明专利主要分布在新一代信息技术产业、生物产业；韩国在华的授权发明专利主要分布在新一代信息技术产业；德国在华的授权发明专利主要分布在节能环保产业、生物产业、新材料产业、新一代信息技术产业；法国在华的授权发明专利主要分布在新一代信息技术产业、生物产业、节能环保产业；英国在华的授权发明专利主要分布在生物产业、节能环保产业、新一代信息技术产业；俄罗斯在华的授权发明专利主要分布在生物产业、节能环保产业、新能源产业；瑞士在华的授权发明专利主要分布在生物产业。

第六章　国内技术创新状况

前两章已对2006～2013年期间世界主要国家在WIPO35技术领域、七大战略性新兴产业的专利申请情况、专利授权量及布局进行了统计分析。本章再通过聚焦近四年（2010～2013年）的国内发明授权专利，研究九个主要国家、国内各省市在中国国内WIPO35技术领域、七大战略性新兴产业中的技术创新状况。

第一节　国内技术创新状况

本节借助2010～2013年的发明专利授权文献，在全领域范围内采用发明专利授权量、每申请人平均发明专利授权量、每授权发明专利平均发明人数三项指标，分别分析全球主要国家及国内31个省市的技术创新状况。

一、中国、日本、美国在中国国内表现出较明显的技术创新优势

2010～2013年，全球主要国家在中国国内表现出的技术创新情况以上述三个指标呈现，如表6-1所示。

表6-1　2010～2013年九个主要专利来源国在中国国内的技术创新情况

专利来源国	发明专利授权量/件	每申请人平均发明专利授权量/（件/人）	每授权发明专利平均发明人数/（人次/件）
中国	309 723	4.28	5.21
日本	112 966	19.58	2.38
美国	62 408	5.92	2.78
德国	26 848	6.83	2.51
韩国	21 381	6.32	2.72
法国	10 461	5.88	2.21
瑞士	7 314	1.10	2.55
英国	4 284	5.26	2.25
俄罗斯	221	2.50	3.19

数据来源：CPRS。

发明专利授权量，中国遥遥领先，高达309 723件，其次是日本112 966件，美国位列第三，为62 408件，三个国家均显示出较强的创新能力。

每申请人平均发明专利授权量，日本以19.58件/人排在首位，显示出较高的有效竞争者平均专利集中度，其次是德国6.83件/人、韩国6.32件/人。中国这一指标相对较低，仅为4.28件/人。

每授权发明专利平均发明人数，中国最高，达5.21人次/件，其次是俄罗斯3.19人次/件、美国2.78人次/件。这一数据表明上述三个国家在平均每授权发明专利中投入的科研人员数量较多，授权发明专利的研究密集程度较高。

综合以上指标表明，中国、日本、美国从总体上在中国国内具备较明显的技术创新优势。

二、中国各省区市[①]中，广东、北京、江苏、上海、浙江、山东等省区市具有较明显的技术创新优势

2010～2013年，中国31个省区市（不含港、澳、台，下同）在技术创新情况以上述三个指标呈现，如表6-2所示。

表6-2　2010～2013年中国各省区市的技术创新情况

专利来源省区市	发明专利授权量/件	每申请人平均发明专利授权量/（件/人）	每授权发明专利平均发明人数/（人次/件）
广东	59 350	5.08	2.52
北京	54 088	6.43	4.03
江苏	42 552	3.31	3.20
上海	31 530	4.67	3.33
浙江	30 386	2.82	2.90
山东	21 264	2.29	3.53
四川	11 814	3.45	3.71
辽宁	11 227	3.06	3.67
湖北	11 064	3.59	4.18
陕西	10 691	4.97	4.29
湖南	9 426	3.05	3.61
天津	8 876	4.03	3.75
河南	8 665	2.39	4.29
安徽	8 406	2.69	3.18
福建	7 035	2.46	2.89
黑龙江	6 533	4.42	4.36
重庆	6 112	3.79	3.89

① 此处为省、自治区、直辖市简称，为避免标题过于冗长，本书统一使用省区市简称。

续表

专利来源省区市	发明专利授权量/件	每申请人平均发明专利授权量/（件/人）	每授权发明专利平均发明人数/（人次/件）
河北	5 137	2.30	3.71
吉林	4 263	3.44	4.20
山西	3 751	2.78	3.86
云南	3 550	2.65	4.38
广西	2 584	1.94	3.64
江西	2 304	2.08	3.34
贵州	2 083	2.53	3.37
甘肃	1 993	2.77	4.44
内蒙古	1 399	2.13	3.48
新疆	1 191	1.91	3.89
海南	1 088	3.57	2.81
宁夏	405	1.73	3.88
青海	247	2.03	4.78
西藏	113	2.05	2.59

数据来源：CPRS。

发明专利授权量，广东最高，为59 350件，其次是北京54 088件、江苏42 552件、上海31 530件、浙江30 386件、山东21 264件，上述省市显示出较强的创新能力。

每申请人平均发明专利授权量，北京排在首位，为6.43件/人，其次是广东5.08件/人、陕西4.97件/人、上海4.67件/人。这表明上述省市的有效竞争者平均专利集中度较高。

每授权发明专利平均发明人数，青海最高，为4.78人次/件，其次是甘肃4.44人次/件、云南4.38人次/件、黑龙江4.36人次/件、陕西4.29人次/件、河南4.29人次/件。这表明上述省份在每授权发明专利中投入的科研人员数量较多，授权发明专利的研究密集程度较高。

综合以上指标表明，广东、北京、江苏、上海、浙江、山东等省市在中国国内具备较明显的技术创新优势。

第二节 WIPO35主要领域的国内技术创新情况

在对全领域范围技术创新情况进行统计分析的前提下，本节仍沿用发明专利授权量、每申请人平均发明专利授权量、每授权发明专利平均发明人数三项指标，以WIPO35领域中最具活力的前五个技术领域作为研究对象，重点关注全球主要国家及国内31个省市在中国国内这五个技术领域的技术创新情况。其中，最具活力的前五个技术领域是指第四章统计得出的中国发明专利申请公开数量排名前五的领域，包括：电机/电气装置/电能、计算机技术、测量、数字通信、电信领域。

一、中国最具创新活力排名前五的领域中世界主要国家的技术创新情况

1. 电机/电气装置/电能领域，中国、日本、韩国在中国国内具有较明显的技术创新优势

如表6-3所示，2010～2013年，全球主要国家在中国国内电机/电气装置/电能领域的技术创新情况表现为：

表6-3　2010～2013年九国在中国电机/电气装置/电能领域的技术创新情况

专利来源国	发明专利授权量/件	每申请人平均发明专利授权量/（件/人）	每授权发明专利平均发明人数/（人次/件）
中国	38 399	3.00	3.11
日本	14 574	11.54	2.73
美国	4 947	4.03	2.88
德国	2 741	4.07	2.64
韩国	2 541	7.00	2.94
法国	930	3.65	2.49
瑞士	576	3.94	2.77
英国	359	1.99	2.23
俄罗斯	16	1.15	3.44

数据来源：CPRS。

发明专利授权量，中国遥遥领先，达38 399件，其次是日本14 574件、美国4 947件、德国2 741件、韩国2 541件。上述国家显示出在该领域具备较强的创新能力。

每申请人平均发明专利授权量，日本排在首位，达11.54件/人，其次是韩国7.00件/人、德国4.07件/人、美国4.03件/人、瑞士3.94件/人。这表明上述国家在该领域的有效竞争者平均专利集中度较高。

每授权发明专利平均发明人数，俄罗斯最高，达3.44人次/件，其次是中国3.11人次/件、韩国2.94人次/件、美国2.88人次/件、瑞士2.77人次/件。这表明上述国家授权发明专利的研究密集程度较高。

综合以上指标表明，中国、日本、韩国在中国国内该领域的技术创新优势明显。

2. 计算机技术领域，中国、日本、美国在中国具有较明显的技术创新优势

如表6-4所示，2010～2013年，全球主要国家在中国国内计算机领域的技术创新情况如下。

发明专利授权量，中国遥遥领先，达32 123件，其次是日本8 052件、美国7 865件、韩国1 790

件，上述国家显示出在该领域具备较强的创新能力。

表6-4　2010～2013年九国在中国计算机技术领域的技术创新情况

专利来源国	发明专利授权量/件	每申请人平均发明专利授权量/（件/人）	每授权发明专利平均发明人数/（人次/件）
中国	32 123	4.70	3.08
日本	8 052	12.84	2.38
美国	7 865	6.13	3.10
韩国	1 790	7.49	2.66
德国	693	3.31	2.99
法国	509	3.16	2.58
英国	224	2.04	2.27
瑞士	139	1.71	2.79
俄罗斯	10	1.07	2.50

数据来源：CPRS。

每申请人平均发明专利授权量，日本排在首位，达12.84件/人，其次是韩国7.49件/人、美国6.13件/人、中国4.70件/人，这表明上述国家在该领域的有效竞争者平均专利集中度较高。

每授权发明专利平均发明人数，美国最高，达3.10人次/件，其次是中国3.08人次/件、德国2.99人次/件、瑞士2.79人次/件，这表明上述国家授权发明专利的研究密集程度较高。

综合以上指标表明，中国、日本、美国在中国国内计算机技术领域的技术创新优势明显。

3. 测量领域，中国、日本在中国国内具有较明显的技术创新优势

如表6-5所示，2010～2013年，全球主要国家在中国国内测量领域的技术创新情况表现为：

表6-5　2010～2013年九国在中国测量领域的技术创新情况

专利来源国	发明专利授权量/件	每申请人平均发明专利授权量/（件/人）	每授权发明专利平均发明人数/（人次/件）
中国	39 411	3.45	3.95
日本	5 416	6.53	2.46
美国	3 024	2.76	2.68
德国	1 577	3.20	2.57
瑞士	783	3.82	2.37
韩国	606	2.90	2.71
法国	490	2.12	2.32
英国	336	1.99	2.26
俄罗斯	13	1.04	5.15

数据来源：CPRS。

发明专利授权量，中国最高，达39 411件，其次是日本5 416件、美国3 024件、德国1 577件，上述国家显示出在该领域具备较强的创新能力。

每申请人平均发明专利授权量，日本排在首位，达6.53件/人，其次是瑞士3.82件/人、中国3.45件/人、德国3.20件/人，这表明上述国家在该领域的有效竞争者平均专利集中度较高。

每授权发明专利平均发明人数，俄罗斯最高，达5.15人次/件，其次是中国3.95人次/件、韩国2.71人次/件、美国2.68人次/件，这表明上述国家授权发明专利的研究密集程度较高。

综合以上指标表明，中国、日本在中国国内该领域的技术创新优势明显。

4. 数字通信领域，中国、美国、日本在中国国内具有较明显的技术创新优势

如表6-6所示，2010～2013年，全球主要国家在中国国内的数字通信领域技术创新情况表现为：

表6-6 2010～2013年九国在中国数字通信领域的技术创新情况

专利来源国	发明专利授权量/件	每申请人平均发明专利授权量/（件/人）	每授权发明专利平均发明人数/（人次/件）
中国	40 504	9.56	1.68
美国	5 840	9.59	1.74
日本	4 573	17.89	3.94
韩国	1 793	15.44	4.09
法国	914	8.77	2.71
德国	789	6.90	1.72
英国	168	2.36	2.18
瑞士	66	2.13	3.38
俄罗斯	4	1.00	4.50

数据来源：CPRS。

发明专利授权量，中国最高，达40 504件，其次是美国5 840件、日本4 573件、韩国1 793件，上述国家显示出在该领域具备较强的创新能力。

每申请人平均发明专利授权量，日本遥遥领先，达17.89件/人，其次是韩国15.44件/人、美国9.59件/人、中国9.56件/人、法国8.77件/人，这表明上述国家在该领域的有效竞争者平均专利集中度较高。

每授权发明专利平均发明人数，俄罗斯最高，达4.50人次/件，其次是韩国4.09人次/件、日本3.94人次/件、瑞士3.38人次/件，这表明上述国家授权发明专利的研究密集程度较高。

综合以上指标表明，中国、美国、日本在中国国内该领域的技术创新优势明显。

5. 电信领域，中国、日本在中国国内具有较明显的技术创新优势

如表6-7所示，2010～2013年，全球主要国家在中国国内的电信领域技术创新情况表现为：

表6-7　2010～2013年九国在中国电信领域的技术创新情况

专利来源国	发明专利授权量/件	每申请人平均发明专利授权量/（件/人）	每授权发明专利平均发明人数/（人次/件）
中国	24 022	5.63	2.83
日本	7 540	18.20	2.39
美国	3 664	5.06	2.78
韩国	2 359	11.07	3.11
法国	935	8.16	2.65
德国	567	3.57	2.40
英国	160	2.32	2.29
瑞士	96	2.29	2.32
俄罗斯	8	1.00	2.25

数据来源：CPRS。

发明专利授权量，中国最高，达24 022件，其次是日本7 540件、美国3 664件、韩国2 359件，上述国家显示出在该领域具备较强的创新能力。

每申请人平均发明专利授权量，日本排在首位，达18.20件/人，其次是韩国11.07件/人、法国8.16件/人、中国5.63件/人、美国5.06件/人，这表明上述国家在该领域的有效竞争者平均专利集中度较高。

每授权发明专利平均发明人数，韩国最高，达3.11人次/件，其次是中国2.83人次/件、美国2.78人次/件、法国2.65人次/件，这表明上述国家授权发明专利的研究密集程度较高。

综合以上指标表明，中国、日本在中国国内该领域的技术创新优势明显。

二、中国最具创新活力排名前十的领域中，国内省区市的技术创新情况分析

1. 电机/电气装置/电能领域，广东、江苏、北京具备较强的技术创新能力

2010～2013年，中国31个省区市在电机/电气装置/电能领域的技术创新情况表现如表6-8所示。

表6-8　2010～2013年中国各省市在电机/电气装置/电能领域的技术创新情况

专利来源省区市	发明专利授权量/件	每申请人平均发明专利授权量/（件/人）	每授权发明专利平均发明人数/（人次/件）
广东	5 691	3.21	2.47
江苏	4 271	2.67	2.95
北京	3 371	3.59	3.91
浙江	2 769	2.00	2.64
上海	2 482	2.73	2.92
山东	921	1.77	3.63

续表

专利来源省区市	发明专利授权量/件	每申请人平均发明专利授权量/（件/人）	每授权发明专利平均发明人数/（人次/件）
陕西	877	3.52	3.68
辽宁	842	2.26	3.54
湖北	757	2.56	3.92
四川	757	2.19	3.35
安徽	646	1.90	3.29
河南	646	2.49	3.80
湖南	623	2.09	4.13
天津	605	2.62	3.53
福建	510	1.75	2.64
黑龙江	453	5.05	4.34
重庆	342	2.29	3.85
河北	327	1.71	4.07
吉林	187	3.20	4.20
山西	172	1.88	4.04
江西	161	1.73	2.83
广西	154	1.76	3.86
甘肃	146	2.46	5.38
贵州	146	1.94	2.41
云南	91	1.42	4.42
新疆	51	1.51	3.04
内蒙古	35	1.17	4.20
宁夏	25	1.53	3.92
海南	8	1.00	1.88
青海	5	1.14	10.80
西藏	0	0.00	0.00

数据来源：CPRS。

发明专利授权量，广东最高，达5 691件，其次是江苏4 271件、北京3 371件、浙江2 769件、上海2 482件，上述省市在国内该领域显示出较强的创新能力。

每申请人平均发明专利授权量，黑龙江排在首位，达5.05件/人，其次是北京3.59件/人、陕西3.52件/人、广东3.21件/人、吉林3.20件/人，表明上述省市在国内该领域的有效竞争者平均专利集中度较高。

每授权发明专利平均发明人数，青海最高，达10.80人次/件，其次是甘肃5.38人次/件、云南4.42

人次/件、黑龙江4.34人次/件，这表明上述省份在国内该领域的授权发明专利研究密集程度较高。

综合以上指标表明，广东、江苏、北京等省市在中国国内该领域的专利产出优势明显，技术创新能力较强。

2. 计算机技术领域，北京、广东具备较强的技术创新能力

2010～2013年，中国31个省区市在计算机技术领域的技术创新情况表现如表6-9所示。

表6-9　2010～2013年中国各省市在计算机技术领域的技术创新情况

专利来源省区市	发明专利授权量/件	每申请人平均发明专利授权量/（件/人）	每授权发明专利平均发明人数/（人次/件）
北京	6 277	5.44	3.28
广东	5 676	6.54	2.30
上海	1 955	3.24	2.89
江苏	1 600	3.09	3.48
浙江	1 175	3.87	3.44
陕西	884	8.05	5.17
四川	720	4.14	2.69
湖北	662	4.61	4.57
山东	476	3.13	3.39
福建	353	3.09	2.39
湖南	344	4.16	5.57
天津	312	3.35	4.20
辽宁	311	2.38	3.69
黑龙江	274	7.61	4.54
重庆	197	2.65	4.42
安徽	192	2.73	4.33
河南	129	1.62	5.25
河北	91	1.45	3.37
吉林	91	4.00	5.00
江西	67	1.47	3.58
新疆	63	1.40	0.48
云南	54	1.68	3.28
山西	36	1.20	4.97
广西	24	1.11	2.67
甘肃	22	1.04	5.09
内蒙古	22	2.56	1.59

续表

专利来源省区市	发明专利授权量/件	每申请人平均发明专利授权量/（件/人）	每授权发明专利平均发明人数/（人次/件）
贵州	7	1.00	4.43
海南	6	1.00	2.17
宁夏	3	1.00	3.67
青海	1	1.00	4.00
西藏	1	1.00	1.00

发明专利授权量，北京最高，达6 277件，其次是广东5 676件、上海1 955件、江苏1 600件、浙江1 175件，上述省市在国内该领域显示出较强的创新能力。

每申请人平均发明专利授权量，陕西以8.05件/人排在首位，其次是黑龙江7.61件/人、广东6.54件/人、北京5.44件/人，表明上述省市在国内该领域的有效竞争者平均专利集中度较高。

每授权发明专利平均发明人数，湖南最高，达5.57人次/件，其次是河南5.25人次/件、陕西5.17人次/件、甘肃5.09人次/件，这表明上述省份在国内该领域的授权发明专利研究密集程度较高。

综合以上指标表明，北京、广东等省市在中国国内该领域的专利产出量及产出效率均具备明显优势，技术创新能力较强。

3. 测量领域，北京、江苏、上海、广东具备较强的技术创新能力

2010～2013年，中国31个省区市在测量领域的技术创新情况表现如表6-10所示。

表6-10　2010～2013年中国各省市在测量领域的技术创新情况

专利来源省区市	发明专利授权量/件	每申请人平均发明专利授权量/（件/人）	每授权发明专利平均发明人数/（人次/件）
北京	6 526	4.71	4.26
江苏	3 402	2.40	3.58
上海	3 147	3.40	3.57
广东	3 097	2.93	2.79
浙江	2 272	2.58	3.54
陕西	1 477	4.77	4.57
山东	1 207	2.06	4.63
湖北	1 198	3.23	4.44
四川	1 144	2.92	4.19
辽宁	1 005	2.83	4.05
黑龙江	897	6.34	4.87
天津	896	2.95	4.05

续表

专利来源省区市	发明专利授权量/件	每申请人平均发明专利授权量/（件/人）	每授权发明专利平均发明人数/（人次/件）
安徽	820	2.84	4.04
重庆	772	3.71	4.37
湖南	760	3.03	4.14
河南	643	2.35	5.27
吉林	566	4.20	4.79
福建	430	2.05	3.45
河北	385	1.89	4.16
山西	295	3.05	5.25
云南	217	2.20	4.96
甘肃	191	2.71	5.01
江西	171	2.22	3.81
广西	166	1.81	3.77
贵州	113	1.52	3.30
内蒙古	61	1.63	3.44
新疆	46	1.23	5.65
宁夏	20	1.24	4.20
海南	19	1.11	3.32
青海	12	1.88	8.08
西藏	1	0.50	1.00

发明专利授权量，北京最高，达6 526件，其次是江苏3 402件、上海3 147件、广东3 097件、浙江2 272件，上述省市在国内该领域显示出较强的创新能力。

每申请人平均发明专利授权量，黑龙江最高，达6.34件/人，其次是陕西4.77件/人、北京4.71件/人、吉林4.20件/人，表明上述省市在国内该领域的有效竞争者平均专利集中度较高。

每授权发明专利平均发明人数，青海最高，达8.08人次/件，其次是新疆5.65人次/件、河南5.27人次/件、山西5.25人次/件，这表明上述省份在国内该领域的授权发明专利研究密集程度较高。

综合以上指标表明，北京、江苏、上海、广东等省市在中国国内该领域的专利产出量较高，技术创新能力较强。

4. 数字通信领域，广东、北京具备较强的技术创新能力

2010～2013年，中国31个省区市在数字通信领域的技术创新情况表现如表6-11所示。

表6-11 2010～2013年中国各省市在数字通信领域的技术创新情况

专利来源省区市	发明专利授权量/件	每申请人平均发明专利授权量/（件/人）	每授权发明专利平均发明人数/（人次/件）
广东	15 461	24.64	1.12
北京	7 233	7.71	1.59
上海	1 776	4.69	2.12
浙江	1 648	8.34	1.52
江苏	1 073	3.06	3.02
四川	671	6.31	2.35
陕西	518	6.29	2.85
湖北	513	5.88	2.66
山东	322	2.90	3.13
福建	269	3.47	2.46
重庆	210	3.50	2.18
黑龙江	183	7.48	3.17
河南	132	2.34	2.08
湖南	128	3.19	2.28
安徽	126	3.85	3.48
天津	123	2.42	3.93
辽宁	121	1.98	2.82
河北	67	3.63	4.73
吉林	44	2.10	4.41
广西	27	2.15	3.81
江西	21	1.53	1.67
山西	14	1.36	7.29
甘肃	12	1.63	1.92
海南	12	6.00	0.58
云南	11	1.33	1.45
贵州	9	1.11	3.11
青海	5	2.50	0.00
内蒙古	3	1.00	4.67
宁夏	2	2.00	8.00
新疆	1	0.00	7.00
西藏	0	0.00	0.00

发明专利授权量，广东遥遥领先，达15 461件，其次是北京7 233件、上海1 776件、浙江

1 648件、江苏1 073件，上述省市在国内该领域显示出较强的创新能力。

每申请人平均发明专利授权量，广东排在首位，达24.64件/人，其次是浙江8.34件/人、北京7.71件/人、黑龙江7.48件/人，表明上述省市在国内该领域的有效竞争者平均专利集中度较高。

每授权发明专利平均发明人数，宁夏最高，达8.00人次/件，其次是山西7.29人次/件、新疆7.00人次/件，这表明上述省份在国内该领域的授权发明专利研究密集程度较高。

综合以上指标表明，广东、北京等省市在中国国内该领域专利产出量及有效竞争者平均专利集中度较高，技术创新能力较强。

5. 电信领域，广东、北京具备较强的技术创新能力

2010～2013年，中国31个省区市在电信领域的技术创新情况表现如表6-12所示。

表6-12　2010～2013年中国各省市在电信领域的技术创新情况

专利来源省区市	发明专利授权量/件	每申请人平均发明专利授权量/（件/人）	每授权发明专利平均发明人数/（人次/件）
广东	7 866	11.73	2.20
北京	3 389	4.64	3.40
上海	1 304	3.36	2.89
江苏	988	2.85	3.28
浙江	824	3.43	3.03
四川	491	3.60	3.21
湖北	346	3.71	3.94
山东	324	2.43	3.11
陕西	323	3.21	4.57
福建	226	2.18	2.92
黑龙江	126	4.93	4.61
天津	124	1.91	3.90
安徽	113	2.42	3.88
辽宁	102	1.57	3.34
重庆	101	1.90	4.52
湖南	79	1.78	3.70
河北	66	2.00	4.80
河南	56	1.26	4.91
吉林	46	4.70	4.22
广西	27	1.12	3.81
山西	25	1.35	4.08
江西	16	1.38	2.19

续表

专利来源省区市	发明专利授权量/件	每申请人平均发明专利授权量/（件/人）	每授权发明专利平均发明人数/（人次/件）
甘肃	10	1.10	2.30
贵州	8	1.22	3.50
云南	8	1.33	2.00
内蒙古	5	2.00	2.80
新疆	4	1.00	1.75
海南	3	1.00	2.33
宁夏	3	1.00	5.33
青海	0	0.00	0.00
西藏	0	0.00	0.00

发明专利授权量，广东最高，达7 866件，其次是北京3 389件、上海1 304件、江苏988件，上述省市在国内该领域显示出较强的创新能力。

每申请人平均发明专利授权量，广东排在首位，达11.73件/人，其次是黑龙江4.93件/人、吉林4.70件/人、北京4.64件/人，表明上述省市在国内该领域的有效竞争者平均专利集中度较高。

每授权发明专利平均发明人数，宁夏排在首位，达5.33人次/件，其次是河南4.91人次/件、河北4.80人次/件、黑龙江4.61人次/件，这表明上述省份在国内该领域的授权发明专利研究密集程度较高。

综上指标表明，广东、北京等省市在中国国内该领域的专利产出量及有效竞争者平均专利集中度较高，技术创新能力较强。

第三节　战略性新兴产业国内技术创新情况

本节沿用发明专利授权量、每申请人平均发明专利授权量、每授权发明专利平均发明人数三项指标，以战略性新兴产业作为研究对象，重点关注全球主要国家及国内31个省市在中国国内七个战略性新产业的技术创新情况。

一、世界主要国家在中国国内战略性新兴产业中的技术创新情况

1. 中国、日本、美国在中国国内节能环保产业具有较明显的技术创新优势

2010～2013年，全球主要国家在中国国内节能环保产业的技术创新情况表现如表6-13所示。

表6-13 2010～2013年九个主要专利来源国在节能环保产业的技术创新情况

专利来源国	发明专利授权量/件	每申请人平均发明专利授权量/（件/人）	每授权发明专利平均发明人数/（人次/件）
中国	41 694	2.33	3.91
日本	5 416	5.60	2.94
美国	2 403	3.08	2.94
德国	1 426	2.71	2.83
韩国	890	3.02	3.17
法国	422	2.09	2.55
英国	257	2.12	2.56
瑞士	200	2.22	2.58
俄罗斯	13	1.00	4.31

数据来源：战略新兴产业专利检索系统。

发明专利授权量，中国遥遥领先，达41 694件，其次是日本5 416件、美国2 403件、德国1 426件、韩国890件，上述国家在该产业显示出较强的创新能力。

每申请人平均发明专利授权量，日本排在首位，达5.60件/人，其次是美国3.08件/人、韩国3.02件/人、德国2.71件/人，这表明上述国家在该领域的有效竞争者平均专利集中度较高。

每授权发明专利平均发明人数，俄罗斯最高，达4.31人次/件，其次是中国3.91人次/件、韩国3.17人次/件、美国2.94人次/件、日本2.94人次/件，这表明上述国家授权发明专利的研究密集程度较高。

综合以上指标表明，中国、日本、美国在中国国内节能环保产业的技术创新优势明显。

2. 中国、美国、日本、法国在中国国内新一代信息技术产业具有明显的技术创新优势

2010～2013年，全球主要国家在中国国内新一代信息技术产业的技术创新情况表现如表6-14所示。

表6-14 2010～2013年九个主要专利来源国在新一代信息技术产业的技术创新情况

专利来源国	发明专利授权量/件	每申请人平均发明专利授权量/（件/人）	每授权发明专利平均发明人数/（人次/件）
中国	29 133	5.39	3.51
日本	11 091	15.78	2.67
美国	5 090	5.73	3.19
韩国	3 325	10.98	2.88
法国	806	5.70	2.58
德国	606	4.94	1.88
英国	164	2.09	2.30
瑞士	121	2.39	2.45
俄罗斯	6	1.33	2.83

发明专利授权量，中国最高，达29 133件，其次是日本11 091件、美国5 090件、德国3 325件，上述国家在该产业显示出较强的创新能力。

每申请人平均发明专利授权量，日本排在首位，达15.78件/人，其次是韩国10.98件/人、美国5.73件/人、法国5.70件/人、中国5.39件/人，这表明上述国家在该领域的有效竞争者平均专利集中度较高。

每授权发明专利平均发明人数，中国最高，达3.51人次/件，其次是美国3.19人次/件、韩国2.88人次/件、俄罗斯2.83人次/件、日本2.67人次/件、法国2.58人次/件，这表明上述国家授权发明专利的研究密集程度较高。

综合以上指标表明，中国、美国、日本、法国在中国国内新一代信息技术产业的技术创新优势明显。

3. 美国、日本、中国在中国国内生物产业具有较明显的技术创新优势

2010～2013年，全球主要国家在中国国内生物产业的技术创新情况表现如表6-15所示。

表6-15　2010～2013年九个主要专利来源国在生物产业的技术创新情况

专利来源国	发明专利授权量/件	每申请人平均发明专利授权量/（件/人）	每授权发明专利平均发明人数/（人次/件）
中国	50 140	2.95	3.85
日本	4 317	2.53	3.35
美国	4 050	5.01	3.11
德国	1 240	1.66	2.99
韩国	827	3.70	3.24
法国	795	3.73	3.16
英国	452	1.51	4.07
瑞士	389	1.42	2.85
俄罗斯	27	1.00	4.15

发明专利授权量，中国遥遥领先，达50 140件，其次是日本4 317件、美国4 050件、德国1 240件、韩国827件，上述国家在该产业显示出较强的创新能力。

每申请人平均发明专利授权量，美国排在首位，达5.01件/人，其次是法国3.73件/人、韩国3.70件/人、中国2.95件/人，这表明上述国家在该领域的有效竞争者平均专利集中度较高。

每授权发明专利平均发明人数，俄罗斯最高，达4.15人次/件，其次是英国4.07人次/件、中国3.85人次/件、日本3.35人次/件、韩国3.24人次/件，这表明上述国家授权发明专利的研究密集程度较高。

综合以上指标表明，美国、日本、中国在中国国内生物产业的技术创新优势明显。

4. 中国、日本、美国、法国在中国国内高端装备制造产业具有较明显的技术创新优势

2010～2013年，全球主要国家在中国国内高端装备制造产业的技术创新情况表现如表6-16所示。

表6-16　2010～2013年九个主要专利来源国在高端装备制造产业的技术创新情况

专利来源国	发明专利授权量/件	每申请人平均发明专利授权量/（件/人）	每授权发明专利平均发明人数/（人次/件）
中国	8 118	2.55	4.20
日本	957	4.15	2.77
美国	585	2.80	2.95
法国	406	4.69	2.24
德国	368	3.91	1.99
韩国	144	2.32	3.05
英国	106	2.30	1.73
瑞士	51	1.66	2.65
俄罗斯	8	1.14	5.38

发明专利授权量，中国最高，达8 118件，其次是日本957件、美国585件、法国406件，上述国家在该产业显示出较强的创新能力。

每申请人平均发明专利授权量，法国排在首位，达4.69件/人，其次是日本4.15件/人、德国3.91件/人、美国2.80件/人，这表明上述国家在该领域的有效竞争者平均专利集中度较高。

每授权发明专利平均发明人数，俄罗斯最高，达5.38人次/件，其次是中国4.20人次/件、韩国3.05人次/件、美国2.95人次/件、日本2.77人次/件，这表明上述国家授权发明专利的研究密集程度较高。

综合以上指标表明，中国、日本、美国、法国在中国国内高端装备制造产业的技术创新优势明显。

5. 中国、日本、美国、德国在中国国内新能源产业具有较明显的技术创新优势

2010～2013年，全球主要国家在中国国内新能源产业的技术创新情况表现如表6-17所示。

表6-17　2010～2013年九个主要专利来源国在新能源产业的技术创新情况

专利来源国	发明专利授权量/件	每申请人平均发明专利授权量/（件/人）	每授权发明专利平均发明人数/（人次/件）
中国	8 831	2.52	3.60
日本	647	3.11	3.12
美国	589	2.59	2.94
德国	323	2.95	2.28

续表

专利来源国	发明专利授权量/件	每申请人平均发明专利授权量/（件/人）	每授权发明专利平均发明人数/（人次/件）
韩国	149	2.09	3.76
法国	128	2.41	2.64
英国	37	1.12	2.49
瑞士	23	1.14	2.96
俄罗斯	12	1.00	5.25

发明专利授权量，中国遥遥领先，达8 831件，其次是日本647件、美国589件、德国323件、韩国149件，上述国家在该产业显示出较强的创新能力。

每申请人平均发明专利授权量，日本排在首位，达3.11件/人，其次是德国2.95件/人、美国2.59件/人、中国2.52件/人，这表明上述国家在该领域的有效竞争者平均专利集中度较高。

每授权发明专利平均发明人数，俄罗斯最高，达5.25人次/件，其次是韩国3.76人次/件、中国3.60人次/件、日本3.12人次/件、瑞士2.96人次/件、美国2.94人次/件，这表明上述国家授权发明专利的研究密集程度较高。

以上指标表明，中国、日本、美国、德国在中国国内新能源产业的技术创新优势明显。

6. 中国、日本、美国、德国在中国国内新材料产业具有较明显的技术创新优势

2010～2013年，全球主要国家在中国国内新材料产业的技术创新情况表现如表6-18所示。

表6-18　2010～2013年九个主要专利来源国在新材料产业的技术创新情况

专利来源国	发明专利授权量/件	每申请人平均发明专利授权量/（件/人）	每授权发明专利平均发明人数/（人次/件）
中国	24 077	3.62	4.08
日本	5 115	7.31	3.11
美国	1 758	4.16	3.24
德国	633	5.19	3.74
韩国	501	3.46	3.98
法国	325	3.76	2.99
瑞士	148	2.78	3.31
英国	105	1.85	3.03
俄罗斯	11	1.00	4.45

发明专利授权量，中国遥遥领先，达24 077件，其次是日本5 115件、美国1 758件、德国633件、韩国501件，上述国家在该产业显示出较强的创新能力。

每申请人平均发明专利授权量，日本排在首位，达7.31件/人，其次是德国5.19件/人、美国

4.16件/人、法国3.76件/人、中国3.62件/人，这表明上述国家在该领域的有效竞争者平均专利集中度较高。

每授权发明专利平均发明人数，俄罗斯最高，达4.45人次/件，其次是中国4.08人次/件、韩国3.98人次/件、德国3.74人次/件、瑞士3.31人次/件，这表明上述国家授权发明专利的研究密集程度较高。

综合以上指标表明，中国、日本、美国、德国在中国国内新材料产业的技术创新优势明显。

7. 中国、日本、美国在中国国内新能源汽车产业具有较明显的技术创新优势

2010～2013年，全球主要国家在中国国内新能源汽车产业的技术创新情况表现如表6-19所示。

表6-19　2010～2013年九个主要专利来源国在新能源汽车产业的技术创新情况

专利来源国	发明专利授权量/件	每申请人平均发明专利授权量/（件/人）	每授权发明专利平均发明人数/（人次/件）
中国	1 023	2.36	3.61
日本	885	12.58	2.57
美国	339	8.85	3.13
韩国	64	3.55	2.70
德国	45	3.18	2.16
法国	23	1.85	2.65
英国	4	2.00	1.75
瑞士	2	1.00	2.00
俄罗斯	1	1.00	1.00

发明专利授权量，中国最高，达1 023件，其次是日本885件、美国339件、韩国64件、德国45件，上述国家在该产业显示出较强的创新能力。

每申请人平均发明专利授权量，日本排在首位，达12.58件/人，其次是美国8.85件/人、韩国3.55件/人、德国3.18件/人、中国2.36件/人，这表明上述国家在该领域的有效竞争者平均专利集中度较高。

每授权发明专利平均发明人数，中国最高，达3.61人次/件，其次是美国3.13人次/件、韩国2.70人次/件、法国2.65人次/件、日本2.57人次/件，这表明上述国家授权发明专利的研究密集程度较高。

综合以上指标表明，中国、日本、美国在中国国内新能源汽车产业的技术创新优势明显。

二、国内各省区市在战略性新兴产业中的技术创新情况

1. 北京、江苏、广东、浙江、山东在中国节能环保产业技术创新能力较强

2010～2013年，国内31个省区市在节能环保产业的技术创新情况表现如表6-20所示。

表6-20　2010～2013年国内各省市在节能环保产业的技术创新情况

专利来源省区市	发明专利授权量/件	每申请人平均发明专利授权量/（件/人）	每授权发明专利平均发明人数/（人次/件）
北京	6 268	3.35	4.45
江苏	4 747	2.22	3.60
广东	4 034	2.02	2.96
浙江	3 031	2.08	3.35
山东	2 876	1.99	4.10
上海	2 803	2.47	3.85
辽宁	1 820	2.41	4.00
湖南	1 535	2.27	4.25
湖北	1 488	2.67	4.67
四川	1 435	1.94	4.22
河南	1 218	1.68	4.68
陕西	1 085	2.86	4.43
天津	993	2.62	4.02
安徽	983	1.98	3.72
福建	924	1.75	3.12
黑龙江	895	2.80	4.31
重庆	859	2.73	4.25
云南	725	2.24	4.96
河北	699	1.60	3.92
山西	630	2.19	4.23
吉林	463	2.11	4.49
江西	401	1.61	3.33
广西	373	1.68	3.78
甘肃	330	2.14	4.84
贵州	320	2.00	3.53
内蒙古	235	1.58	4.04
新疆	232	1.54	4.10
海南	73	1.78	3.44
宁夏	66	1.35	3.18
青海	41	1.17	5.71
西藏	7	1.17	3.14

发明专利授权量，北京最高，达6 268件，其次是江苏4 747件、广东4 034件、浙江3 031件、山东2 876件，上述省市在该产业显示出较强的创新能力。

每申请人平均发明专利授权量，北京排在首位，达3.35件/人，其次是陕西2.86件/人、黑龙江2.80件/人、重庆2.73件/人、湖北2.67件/人，这表明上述省市在该领域的有效竞争者平均专利集中度较高。

每授权发明专利平均发明人数，青海最高，达5.71人次/件，其次是云南4.96人次/件、甘肃4.84人次/件、河南4.68人次/件，这表明上述省市授权发明专利的研究密集程度较高。

综合以上指标表明，北京、江苏、广东、浙江、山东等省区市在中国国内节能环保产业的技术创新能力较强。

2. 江苏、浙江、北京、上海、广东在中国新一代信息技术产业技术创新能力较强

2010～2013年，国内31个省区市在新一代信息技术产业的技术创新情况表现如表6-21所示。

表6-21 2010～2013年国内各省市在新一代信息技术产业的技术创新情况

专利来源省区市	发明专利授权量/件	每申请人平均发明专利授权量/（件/人）	每授权发明专利平均发明人数/（人次/件）
广东	9 074	8.54	2.35
北京	7 291	5.92	3.51
上海	3 678	5.51	2.98
江苏	1 992	3.00	3.70
浙江	1 504	4.37	3.23
四川	853	4.74	3.07
陕西	815	5.95	5.03
湖北	750	5.24	4.47
山东	565	3.10	3.19
福建	400	3.01	3.03
天津	291	3.00	4.02
辽宁	279	2.29	4.10
湖南	269	2.38	4.85
黑龙江	252	5.36	5.12
重庆	209	2.46	4.08
河南	153	1.51	5.44
安徽	137	2.25	4.47
河北	121	1.81	4.52
吉林	110	3.79	4.86

续表

专利来源省区市	发明专利授权量/件	每申请人平均发明专利授权量/（件/人）	每授权发明专利平均发明人数/（人次/件）
江西	60	1.71	3.02
广西	49	1.40	3.96
山西	49	2.23	5.88
甘肃	40	1.74	4.33
云南	31	1.24	3.87
贵州	12	1.09	2.33
内蒙古	11	1.38	2.91
新疆	7	1.40	1.00
海南	4	1.00	2.25
青海	4	2.00	3.75
宁夏	1	1.00	7.00
西藏	0	0.00	0.00

发明专利授权量，广东最高，达9 074件，其次是北京7 291件、上海3 678件、江苏1 992件、浙江1 504件，上述省市在该产业显示出较强的创新能力。

每申请人平均发明专利授权量，广东排在首位，达8.54件/人，其次是陕西5.95件/人、北京5.92件/人、上海5.51件/人、黑龙江5.36件/人，这表明上述省市在该领域的有效竞争者平均专利集中度较高。

每授权发明专利平均发明人数，宁夏最高，达7.00人次/件，其次是山西5.88人次/件、河南5.44人次/件、黑龙江5.12人次/件、陕西5.03人次/件，这表明上述省市授权发明专利的研究密集程度较高。

综合以上指标表明，江苏、浙江、北京、上海、广东等省区市在中国国内新一代信息技术产业的技术创新能力较强。

3. 北京、广东、江苏、山东在中国生物产业具有较强的技术创新能力

2010～2013年，国内31个省区市在生物产业的技术创新情况表现如表6-22所示。

表6-22　2010～2013年国内各省市在生物产业的技术创新情况

专利来源省区市	发明专利授权量/件	每申请人平均发明专利授权量/（件/人）	每授权发明专利平均发明人数/（人次/件）
北京	7 046	3.57	3.97
广东	4 897	2.54	3.58
江苏	4 820	2.99	4.00
山东	4 596	2.19	3.40

续表

专利来源省区市	发明专利授权量/件	每申请人平均发明专利授权量/（件/人）	每授权发明专利平均发明人数/（人次/件）
上海	3 935	3.35	4.02
浙江	3 434	2.64	3.54
天津	1 930	4.48	4.15
湖北	1 574	2.97	4.39
河南	1 570	1.84	3.98
四川	1 570	2.34	3.89
辽宁	1 384	2.38	3.73
陕西	1 352	2.75	3.91
黑龙江	1 202	2.89	4.12
福建	1 156	2.14	3.52
安徽	1 080	1.99	3.26
湖南	999	1.83	3.98
重庆	977	3.26	4.38
河北	959	2.10	3.92
吉林	878	1.98	4.49
云南	758	2.15	4.15
广西	585	1.89	4.15
海南	548	3.91	2.68
山西	528	1.85	3.40
江西	489	1.94	3.14
甘肃	440	2.37	4.73
贵州	411	2.08	2.83
内蒙古	356	2.16	3.83
新疆	313	1.91	4.18
宁夏	119	1.83	3.22
青海	58	1.71	3.00
西藏	50	1.56	2.70

发明专利授权量，北京最高，达7 046件，其次是广东4 897件、江苏4 820件、山东4 596件、上海3 935件，上述省市在该产业显示出较强的创新能力。

每申请人平均发明专利授权量，天津排在首位，达4.48件/人，其次是海南3.91件/人、北京3.57件/人、上海3.35件/人、重庆3.26件/人，这表明上述省市在该领域的有效竞争者平均专利集中度较高。

每授权发明专利平均发明人数，甘肃最高，达4.73人次/件，其次是吉林4.49人次/件、湖北4.39人次/件、重庆4.38人次/件、新疆4.18人次/件，这表明上述省市授权发明专利的研究密集程度较高。

综合以上指标表明，北京、广东、江苏、山东等省区市在中国国内生物产业的专利产出优势明显，技术创新能力较强。

4. 北京、江苏、广东、上海在中国高端装备制造产业具有较强的技术创新能力

2010～2013年，国内31个省区市在高端装备制造产业的技术创新情况表现如表6-23所示。

表6-23　2010～2013年国内各省市在高端装备制造产业的技术创新情况

专利来源省区市	发明专利授权量/件	每申请人平均发明专利授权量/（件/人）	每授权发明专利平均发明人数/（人次/件）
北京	1 750	3.52	4.46
江苏	934	2.11	4.07
广东	901	2.05	2.69
上海	707	2.26	3.84
浙江	667	1.91	3.57
辽宁	386	2.31	4.81
陕西	337	2.86	5.01
黑龙江	319	6.65	5.20
山东	307	1.54	4.54
湖北	265	2.30	4.53
天津	234	2.27	4.04
四川	190	1.68	3.88
湖南	186	1.96	4.51
河南	131	1.28	5.20
河北	124	1.61	4.43
重庆	118	1.97	4.17
安徽	101	1.66	4.09
福建	79	1.65	3.22
吉林	77	2.33	5.01
山西	61	1.74	4.00
江西	59	1.55	4.32
广西	47	2.04	5.17
云南	29	1.71	6.31
甘肃	24	1.85	5.79
内蒙古	21	1.11	4.43

续表

专利来源省区市	发明专利授权量/件	每申请人平均发明专利授权量/（件/人）	每授权发明专利平均发明人数/（人次/件）
海南	14	7.00	2.29
贵州	13	1.44	3.23
新疆	9	1.13	3.67
宁夏	4	1.33	4.25
青海	3	1.00	3.67
西藏	0	0.00	0.00

发明专利授权量，北京最高，达1 750件，其次是江苏934件、广东901件、上海707件、浙江667件，上述省市在该产业显示出较强的创新能力。

每申请人平均发明专利授权量，海南排在首位，达7.00件/人，其次是黑龙江6.65件/人、北京3.52件/人、陕西2.86件/人、吉林2.33件/人，这表明上述省市在该领域的有效竞争者平均专利集中度较高。

每授权发明专利平均发明人数，云南最高，达6.31人次/件，其次是甘肃5.79人次/件、黑龙江5.20人次/件、河南5.20人次/件，这表明上述省市授权发明专利的研究密集程度较高。

以上指标表明，北京、江苏、广东、上海、浙江等省区市在中国国内高端装备制造产业的技术创新能力较强。

5. 北京、江苏、广东、上海、浙江在中国新能源产业具有较强的技术创新能力

2010～2013年，国内31个省区市在新能源产业的技术创新情况表现如表6-24所示。

表6-24　2010～2013年国内各省市在新能源产业的技术创新情况

专利来源省区市	发明专利授权量/件	每申请人平均发明专利授权量/（件/人）	每授权发明专利平均发明人数/（人次/件）
北京	1 501	3.41	3.67
江苏	1 223	2.18	3.28
广东	956	2.42	3.10
浙江	727	2.09	2.88
上海	657	2.59	3.63
山东	513	1.81	3.60
辽宁	306	1.56	3.38
陕西	263	2.83	3.11
天津	250	3.33	4.55
四川	248	2.23	4.06
安徽	227	2.36	3.54
河北	218	2.25	3.61

续表

专利来源省区市	发明专利授权量/件	每申请人平均发明专利授权量/（件/人）	每授权发明专利平均发明人数/（人次/件）
湖南	207	1.80	4.00
福建	205	1.86	3.49
河南	204	1.53	3.80
湖北	203	2.05	4.19
黑龙江	161	3.35	4.34
云南	107	1.75	4.48
吉林	98	2.45	4.36
重庆	96	1.60	3.68
山西	88	1.29	4.08
江西	67	1.72	2.84
甘肃	62	1.48	4.98
广西	62	1.29	3.89
内蒙古	48	1.26	2.27
贵州	29	1.26	3.31
新疆	27	1.29	4.15
宁夏	18	1.64	3.61
海南	11	1.38	2.27
青海	9	1.29	4.33
西藏	1	1.00	5.00

发明专利授权量，北京最高，达1 501件，其次是江苏1 223件、广东956件、浙江727件、上海657件，上述省市在该产业显示出较强的创新能力。

每申请人平均发明专利授权量，北京排在首位，达3.41件/人，其次是黑龙江3.35件/人、天津3.33件/人、陕西2.83件/人、上海2.59件/人，这表明上述省市在该领域的有效竞争者平均专利集中度较高。

每授权发明专利平均发明人数，西藏最高，达5.00人次/件，其次是甘肃4.98人次/件、天津4.55人次/件、云南4.48人次/件，这表明上述省市授权发明专利的研究密集程度较高。

综合以上指标表明，北京、江苏、广东、上海、浙江等省区市在中国国内新能源产业的技术创新能力较强。

6. 北京、江苏、广东、上海、浙江在中国新材料产业的技术创新能力较强

2010～2013年，国内31个省区市在新材料产业的技术创新情况表现如表6-25所示。

表6-25 2010～2013年国内各省市在新材料产业的技术创新情况

专利来源省区市	发明专利授权量（件）	每申请人平均发明专利授权量（件/人）	每授权发明专利平均发明人数（人次/件）
北京	3 596	5.42	4.81
江苏	3 013	2.49	3.47
广东	2 807	2.75	3.15
上海	2 687	4.05	3.86
浙江	1 930	2.48	3.66
山东	1 295	2.58	3.98
辽宁	871	3.54	4.12
陕西	804	4.67	4.63
四川	795	2.92	4.27
湖北	714	2.81	4.46
湖南	662	2.85	4.19
天津	621	3.70	4.27
安徽	567	2.32	3.41
福建	554	2.86	3.79
河南	527	2.11	4.99
黑龙江	470	5.05	4.55
吉林	408	7.16	4.72
河北	277	1.66	4.00
重庆	234	2.36	3.87
山西	230	2.80	4.69
江西	193	2.19	3.63
贵州	191	4.44	5.40
广西	167	3.48	4.20
甘肃	147	2.67	5.37
云南	107	2.10	5.52
内蒙古	68	2.19	6.09
新疆	51	2.83	4.22
宁夏	28	1.75	4.57
青海	15	1.67	5.73
海南	13	1.44	4.15
西藏	0	0.00	0.00

发明专利授权量，北京最高，达3 596件，其次是江苏3 013件、广东2 807件、上海2 687

件、浙江1 930件，上述省市在该产业显示出较强的创新能力。

每申请人平均发明专利授权量，吉林排在首位，达7.16件/人，其次是北京5.42件/人、黑龙江5.05件/人、陕西4.67件/人、贵州4.44件/人，这表明上述省市在该领域的有效竞争者平均专利集中度较高。

每授权发明专利平均发明人数，内蒙古最高，达6.09人次/件，其次是青海5.73人次/件、云南5.52人次/件、贵州5.40人次/件、甘肃5.37人次/件，这表明上述省市授权发明专利的研究密集程度较高。

综合以上指标表明，北京、江苏、广东、上海、浙江等省区市在中国国内新材料产业的技术创新能力较强。

7. 北京、安徽、广东、江苏、浙江在中国新能源汽车产业具有较强的技术创新能力

2010～2013年，国内31个省区市在新能源汽车产业的技术创新情况表现如表6-26所示。

表6-26　2010～2013年国内各省市在新能源汽车产业的技术创新情况

专利来源省区市	发明专利授权量/件	每申请人平均发明专利授权量/（件/人）	每授权发明专利平均发明人数/（人次/件）
北京	166	3.07	4.37
安徽	131	14.56	2.16
广东	131	2.08	3.11
江苏	88	1.44	3.13
浙江	87	1.55	3.53
上海	77	1.88	3.71
重庆	58	4.83	4.29
天津	36	1.80	4.83
湖南	35	1.84	4.63
山东	31	1.41	3.19
湖北	28	1.87	4.50
辽宁	28	1.65	4.11
吉林	23	2.30	6.04
河北	18	1.29	2.94
河南	15	1.15	3.07
陕西	12	1.09	4.25
四川	11	1.22	2.82
黑龙江	10	1.67	4.50
云南	9	1.80	2.78

续表

专利来源省区市	发明专利授权量/件	每申请人平均发明专利授权量/（件/人）	每授权发明专利平均发明人数/（人次/件）
福建	6	1.00	3.67
广西	5	1.00	2.40
内蒙古	4	1.00	2.75
山西	4	1.00	3.25
贵州	3	1.50	1.00
新疆	2	1.00	1.00
甘肃	1	1.00	1.00
海南	1	1.00	1.00
江西	1	1.00	4.00
宁夏	0	0.00	0.00
青海	0	0.00	0.00
西藏	0	0.00	0.00

发明专利授权量，北京最高，达166件，其次是安徽131件、广东131件、江苏88件、浙江87件、上海77件，上述省市在该产业显示出较强的创新能力。

每申请人平均发明专利授权量，安徽排在首位，达14.56件/人，其次是重庆4.83件/人、北京3.07件/人、吉林2.30件/人、广东2.08件/人，这表明上述省市在该领域的有效竞争者平均专利集中度较高。

每授权发明专利平均发明人数，吉林最高，达6.04人次/件，其次是天津4.83人次/件、湖南4.63人次/件、黑龙江4.50人次/件、湖北4.50人次/件，这表明上述省市授权发明专利的研究密集程度较高。

综合以上指标表明，北京、安徽、广东、江苏、浙江等省区市在中国国内新能源汽车产业的专利产出优势明显，技术创新能力较强。

第四节 本章小结

综合上述三节内容，可以得到如下结论：

1. 在中国技术创新优势最明显的主要国家是中国，其次是日本。国内具有技术创新优势的省区市中，北京优势明显，江苏、广东、山东、浙江、上海等东南沿海省市也表现出较明显的技术创新优势。

2. 在最具创新活力的前五强技术领域中，世界主要国家在中国技术创新优势各有所长。电机/电气装置/电能领域，中国、日本、韩国均具有相对较明显的技术创新优势；计算机技术领域，中国、日本、美国的技术创新优势相对较强；测量、电信领域，中国、日本在中国具有较明显的技术创新优势；数字通信领域，中国、美国、日本均具有较明显的技术创新优势。

3. 从战略性新兴产业角度分析，世界主要国家在中国技术创新优势各有侧重。节能环保产业中国、日本、美国具有较明显的技术创新优势；新一代信息技术产业中国、美国、日本、法国具有较明显的技术创新优势；生物产业美国、日本、中国具有较明显的技术创新优势；高端装备制造产业美国、日本、法国、中国具有较明显的技术创新优势；新能源产业美国、德国、日本、中国、德国具有较明显的技术创新优势；新材料产业日本、美国、中国、德国具有较明显的技术创新优势；新能源汽车产业中国、日本、美国、韩国具有较明显的技术创新优势。

4. 在中国最具创新活力的前五强领域中，国内31个省区市（不含港、澳、台）的技术创新优势差异明显：电机/电气装置/电能领域广东、北京、江苏具有较明显的技术创新优势；计算机技术领域北京、广东具有相对较明显的技术创新优势；测量领域北京、江苏的技术创新优势明显；数字通信领域广东、北京的技术创新优势明显；电信领域广东、北京具有较明显的技术创新优势。

5. 在战略性新兴产业中，国内31个省区市技术创新优势有所差异。节能环保产业、生物产业，北京、江苏、广东、山东具有较明显的技术创新优势；新一代信息技术产业江苏、浙江、北京、上海、广东具有较明显的技术创新优势；高端装备制造产业北京、江苏、广东、上海具有较明显的技术创新优势；新能源产业北京、江苏、广东、上海、浙江具有较明显的技术创新优势；新材料产业北京、江苏、广东、上海、浙江具有较明显的技术创新优势，新能源汽车产业北京、安徽、广东、江苏、浙江具有较明显的技术创新优势。

第七章　国内技术创新活动的主要竞争者

本章以世界知识产权组织公布的WIPO35技术领域及我国国务院拟定的七大战略性新兴产业为研究对象，以2010～2013年中国发明授权专利为研究基础，通过分析WIPO35技术领域及七大战略性新兴产业的主要竞争者情况来揭示各竞争者的创新能力。

第一节　国内主要竞争者整体情况

本节从竞争者类型、技术创新优势、技术领域分布、发明PCT申请状况、合作申请状况揭示国内主要竞争者的整体情况，明确我国企业在国内的主要竞争对手。

一、中国企业和高校在国内技术创新活动中具有重要地位，日本企业为我国主要竞争对手

如表7-1所示，2010～2013年国内发明专利授权量排名前十的竞争者全部由企业和高校构成，企业竞争者占主导地位。其中，中国竞争者占据7个席位，日本竞争者占据2个席位，还有1个席位被韩国竞争者占据。7个中国竞争者中，5个为企业竞争者，2个为高校竞争者，而3个国外竞争者均为企业竞争者。可见，我国的企业和高校在国内技术创新活动中具有重要地位，我们的主要竞争对手来自日本。

表7-1　2010～2013年国内发明专利授权量排名前十竞争者

排名	竞争者	国籍	类型	2010～2013年发明专利授权量/件
1	华为技术有限公司	中国	企业	10 275
2	中兴通讯股份有限公司	中国	企业	9 100
3	松下电器产业株式会社	日本	企业	5 909
4	浙江大学	中国	高校	5 394
5	三星电子株式会社	韩国	企业	5 070
6	清华大学	中国	高校	4 541
7	索尼株式会社	日本	企业	4 094

续表

排名	竞争者	国籍	类型	2010～2013年发明专利授权量/件
8	鸿海精密工业股份有限公司	中国	企业	4 063
9	鸿富锦精密工业（深圳）有限公司	中国	企业	3 958
10	中国石油化工股份有限公司	中国	企业	3 593

数据来源：CPRS。

如图7-1所示，分别分析前十名企业竞争者和前十名高校竞争者。在企业竞争者中，华为技术有限公司和中兴通讯股份有限公司以明显优势位居第一和第二，但前十位企业中来自国外的企业占据了一半，且有四席为日本竞争者，说明国内企业的技术创新和竞争能力优势并不明显，仍需要进一步提高。高校竞争者的前十名全部为我国高校，浙江大学和清华大学排在前两位，体现了我国高校较强的技术创新能力。

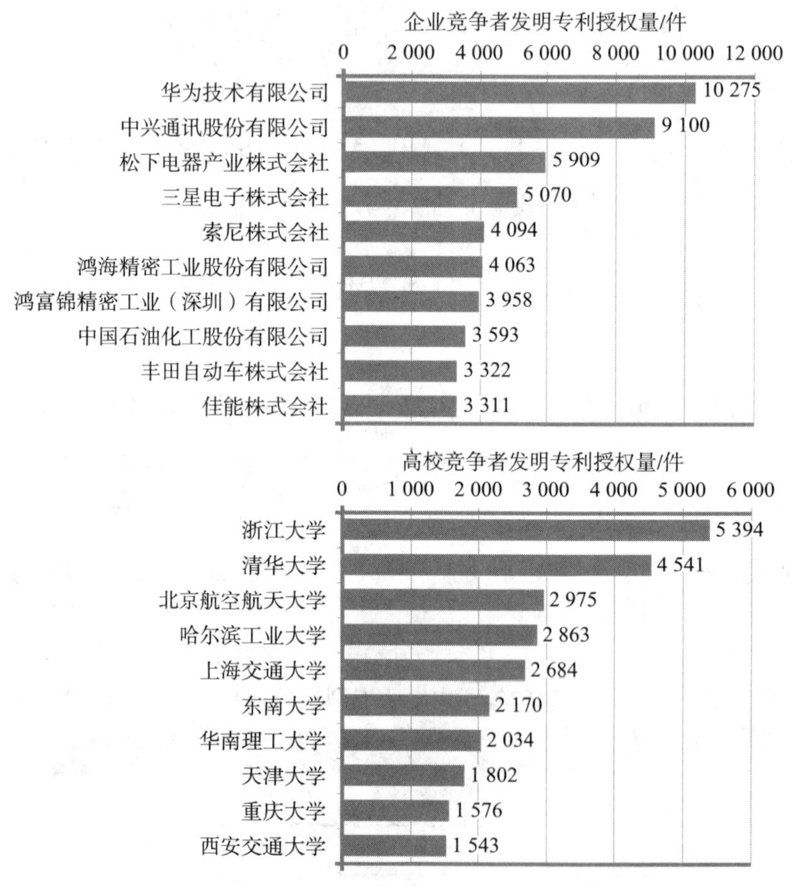

图7-1　2010～2013年国内发明专利授权量不同类型竞争者排名情况

如图7-2所示，进一步分析中国竞争者和外国竞争者，发明专利授权量排名前十位的中国竞争者中，企业和高校各占据一半，进一步说明高校在中国国内的技术创新活动中扮演着重要角色，而企业作为市场主体，并没有凸显出明显的创新优势。相反，发明专利授权量排名前十位的外国竞争者均为企业，其中日本竞争者占据5席，突显出日本企业在技术创新能力方面的绝对优势，同时也说明日本竞争者相当重视在中国的专利布局，在中国极具竞争力。

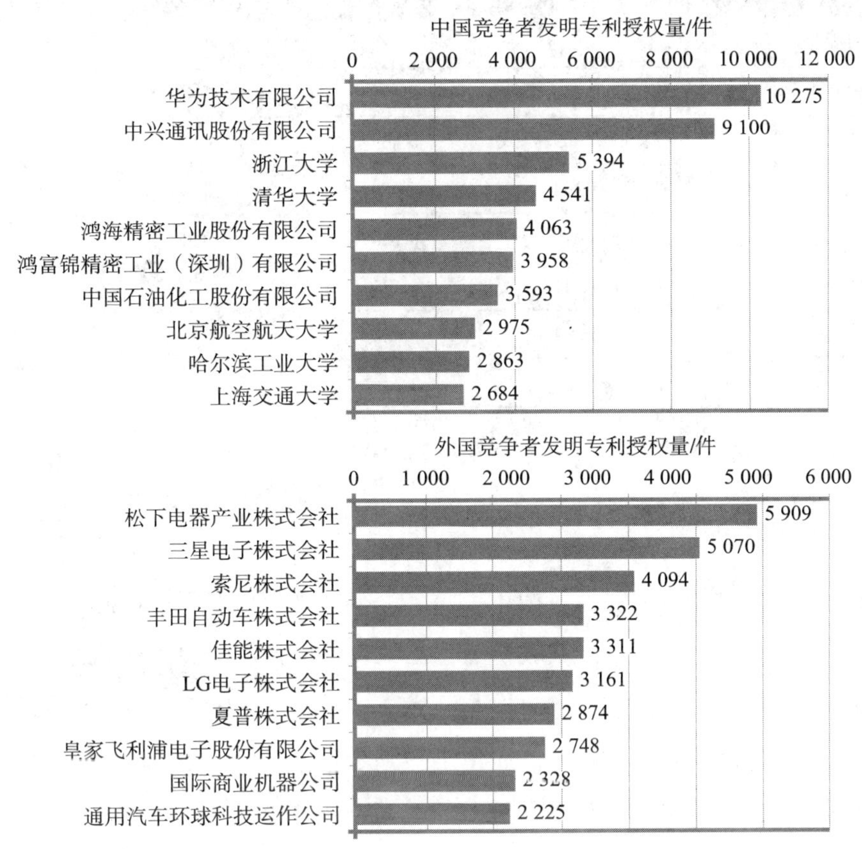

图7-2　2010～2013年国内发明专利授权量国内外竞争者排名情况

二、中国竞争者华为技术有限公司的技术创新优势明显

如表7-2所示，2010～2013年发明专利授权量排名前十的竞争者中，华为技术有限公司和中兴通讯股份有限公司的发明专利授权量远高于其他竞争者，分别达到10 275件、9 100件，两家公司的技术创新能力较强，其次是松下电器产业株式会社5 909件、浙江大学5 394件、三星电子株式会社5 070件、清华大学4 541件、索尼株式会社4 094件、鸿海精密工业股份有限公司4 063件、鸿富锦精密工业（深圳）有限公司3 958件、中国石油化工股份有限公司3 593件。

2010～2013年发明专利授权量排名前十的竞争者中，浙江大学、华为技术有限公司的发明人总数分别为7 953人、7 586人，浙江大学和华为技术有限公司拥有授权发明专利的科研人员规模较大，创新实力较强；其次是松下电器产业株式会社6 769人、三星电子株式会社6 198人、中兴通讯股份有限公司6 193人、清华大学6 123人、索尼株式会社4 628人、中国石油化工股份有限公司3 909人、鸿海精密工业股份有限公司2 244人、鸿富锦精密工业（深圳）有限公司1 958人。发明专利授权量排名前十的日本企业和韩国企业同样表现出科研人员规模较大的特点。

表7-2　2010～2013年国内发明专利授权量排名前十竞争者的技术创新情况

竞争者	发明专利授权量/件	发明人总数/人	每发明人平均发明专利授权量/（件/人）	每授权发明专利平均发明人数/（人次/件）
华为技术有限公司	10 275	7 586	1.35	2.53
中兴通讯股份有限公司	9 100	6 193	1.47	2.28
松下电器产业株式会社	5 909	6 769	0.87	3.18
浙江大学	5 394	7 953	0.68	4.39
三星电子株式会社	5 070	6 198	0.82	3.08
清华大学	4 541	6 123	0.74	4.48
索尼株式会社	4 094	4 628	0.88	2.73
鸿海精密工业股份有限公司	4 063	2 244	1.81	2.01
鸿富锦精密工业（深圳）有限公司	3 958	1 958	2.02	2.23
中国石油化工股份有限公司	3 593	3 909	0.92	5.62

数据来源：CPRS。

2010～2013年发明专利授权量排名前十的竞争者中，鸿富锦精密工业（深圳）有限公司、鸿海精密工业股份有限公司、中兴通讯股份有限公司、华为技术有限公司的每发明人平均发明专利授权量均超过了1件/人，分别为2.02件/人、1.81件/人、1.47件/人、1.35件/人，该四家企业的平均有效创新效率较高；其次是中国石油化工股份有限公司0.92件/人、索尼株式会社0.88件/人、松下电器产业株式会社0.87件/人、三星电子株式会社0.82件/人、清华大学0.74件/人、浙江大学0.68件/人。十强竞争者中仅有的两个高校竞争者清华大学和浙江大学的每发明人平均发明专利授权量最低，平均有效创新效率较低。

2010～2013年发明专利授权量排名前十的竞争者中，2013年中国500强之首的中国石油化工股份有限公司的每授权发明专利平均发明人数高于其他竞争者，达到了5.62人次/件，其次是清华大学、浙江大学、松下电器产业株式会社、三星电子株式会社、索尼株式会社，每授权发明专利平均发明人数分别达到了4.48人次/件、4.39人次/件、3.18人次/件、3.08人次/件、2.73人次/件，该数据反映出实力较强的中国企业、外国企业和高校每授权发明专利投入的科研人员数量较多，授权发明专利的研究密集程度高。

综合发明专利授权量、发明人总数、每发明人平均发明专利授权量、每授权发明专利平均发明人数的排名情况，华为技术有限公司的技术创新优势明显。

三、企业竞争者技术领域分布相对集中，高校竞争者技术领域分布范围广

如图7-3所示，华为技术有限公司和中兴通讯股份有限公司的技术领域非常集中，两家公司均在其优势领域数字通信领域和电信领域集中布局，其优势领域的授权发明专利数量远远高于其他技术领域，该两家公司在数字通信领域和电信领域的技术创新能力很强。松下电器产业株

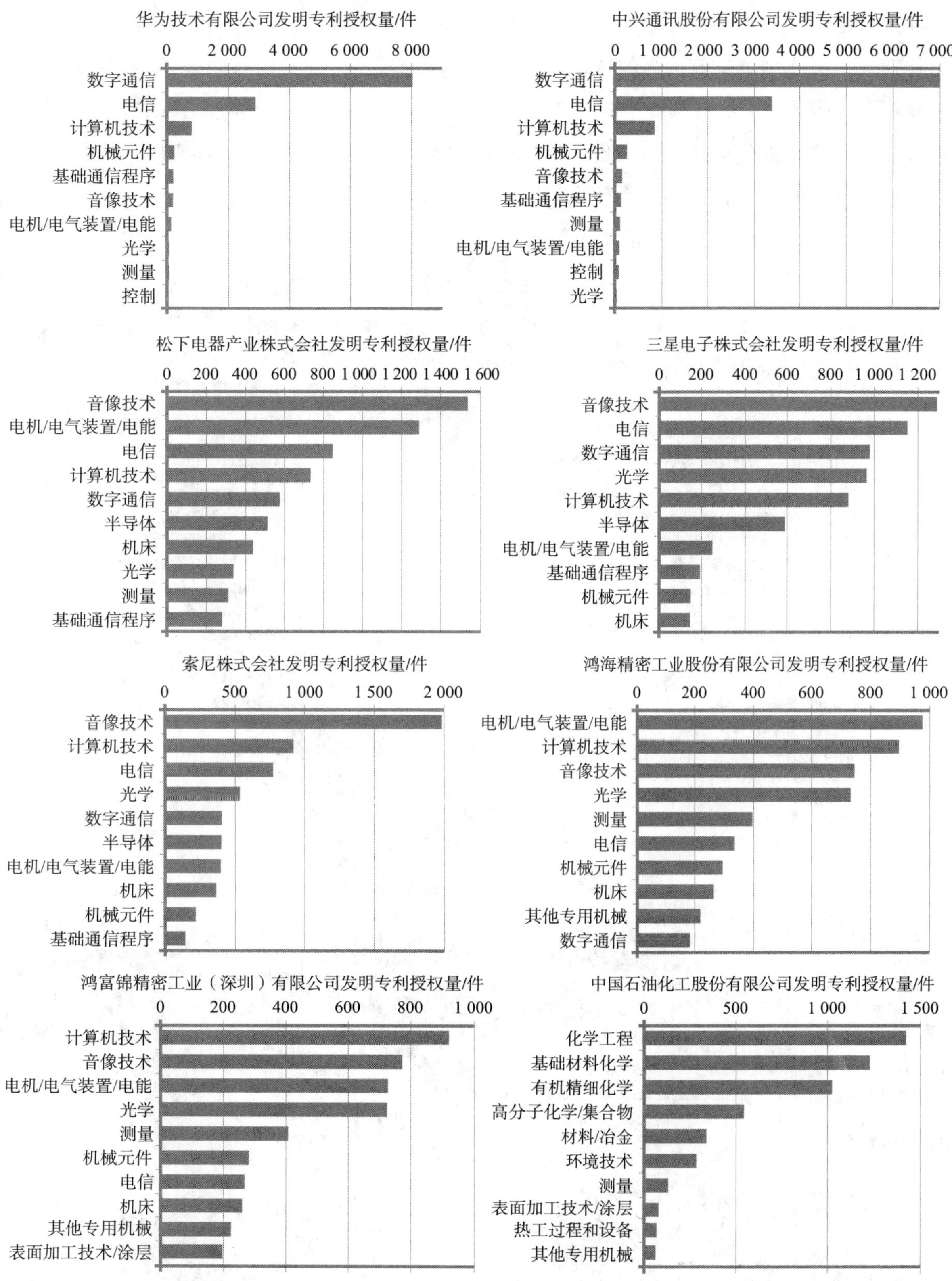

图7-3　2010～2013年主要企业竞争者发明授权专利主要技术领域分布

数据来源：CPRS。

式会社、三星电子株式会社、索尼株式会社均在音像技术领域拥有较多的发明授权专利，三家公司均在音像技术领域具有很强的技术创新能力。鸿海精密工业股份有限公司和鸿富锦精密工业（深圳）有限公司的优势领域集中在电机/电气装置/电能、计算机技术、音像技术、光学。中国石油化工股份有限公司在化学工程、基础材料化学、有机精细化学具有较高的发明专利授权量，突显出该公司在化学领域的优势地位，说明该公司在化学领域具有较强的技术创新能力。

如图7-4所示，浙江大学和清华大学的发明授权专利涉及了WIPO35的全部技术领域，反映出了两所高校较强的科研创新能力和综合实力。浙江大学的优势领域主要有测量、计算机技术、化学工程、生物技术、材料/冶金，清华大学的优势领域主要有测量、计算机技术、电机/电气装置/电能、数字通信、材料/冶金。

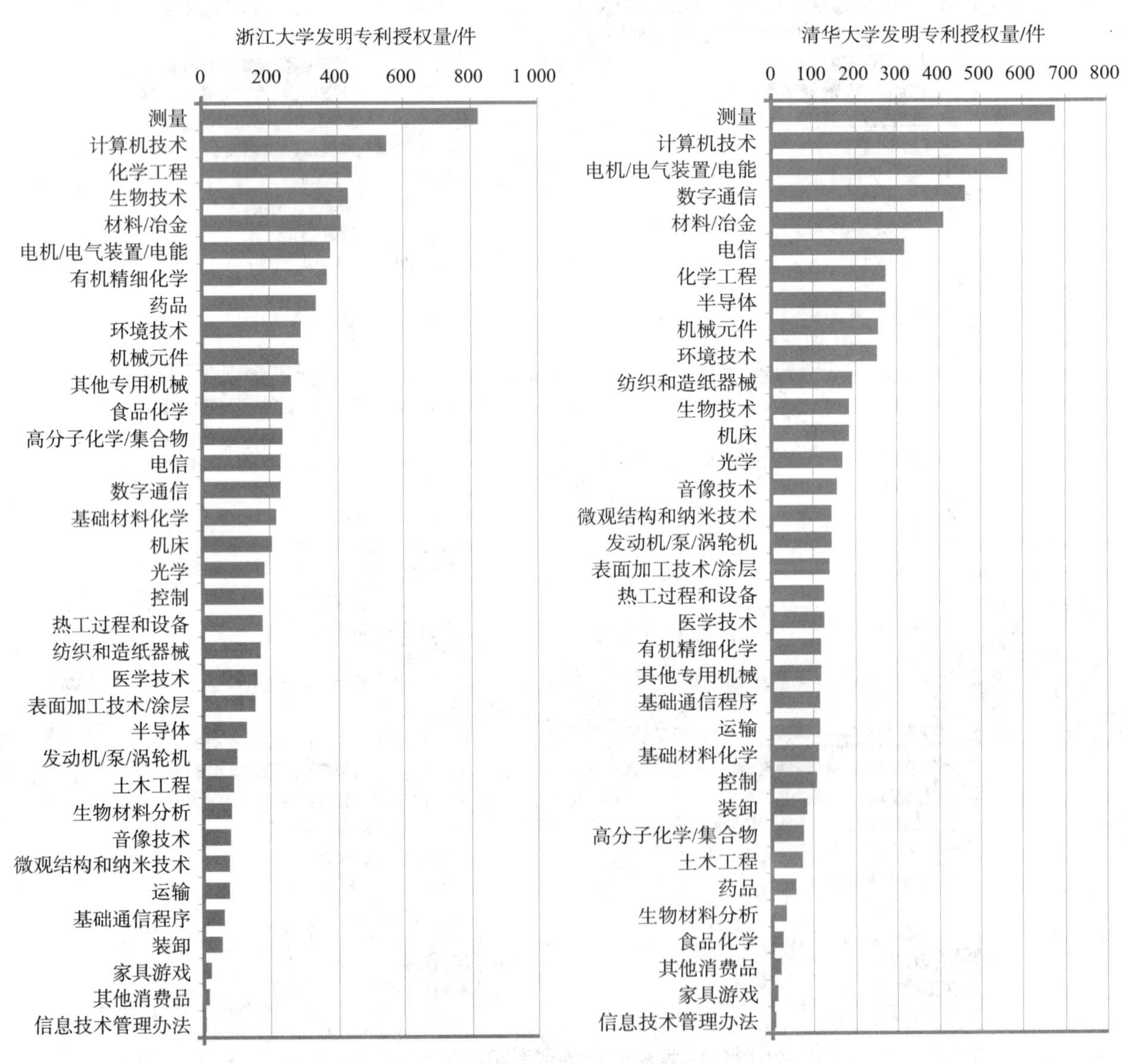

图7-4　2010～2013年主要高校竞争者发明授权专利技术领域分布

数据来源：CPRS。

四、外国竞争者在中国申请发明PCT占比较大

如图7-5和图7-6所示，十强竞争者中，外国竞争者松下电器产业株式会社的发明PCT授权量最高，远远超过其他竞争者，其发明PCT占比高达63.5%。其余两个外国竞争者三星电子株式会社和索尼株式会社在发明PCT授权量和发明PCT占比均较高。中国竞争者较少直接向国家知识产权局提出PCT申请，在PCT占比方面表现一般。通过PCT途径来申请专利，不仅可以节省费用，而且也可使竞争者有足够的时间去实施专利布局，松下电器产业株式会社则是充分利用了PCT申请的优点在中国进行了专利布局，从而在中国具有明显的竞争优势。

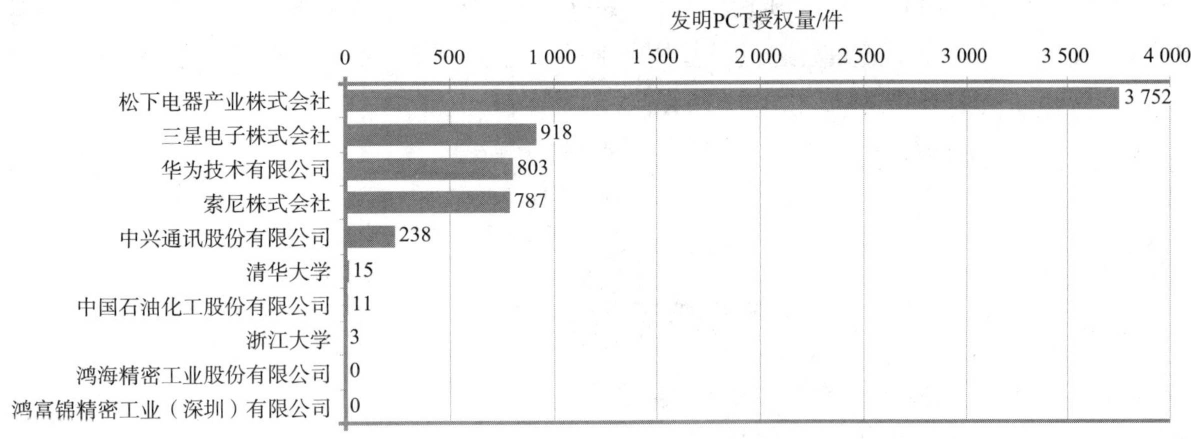

图7-5　2010～2013年主要竞争者发明PCT授权量

数据来源：CPRS。

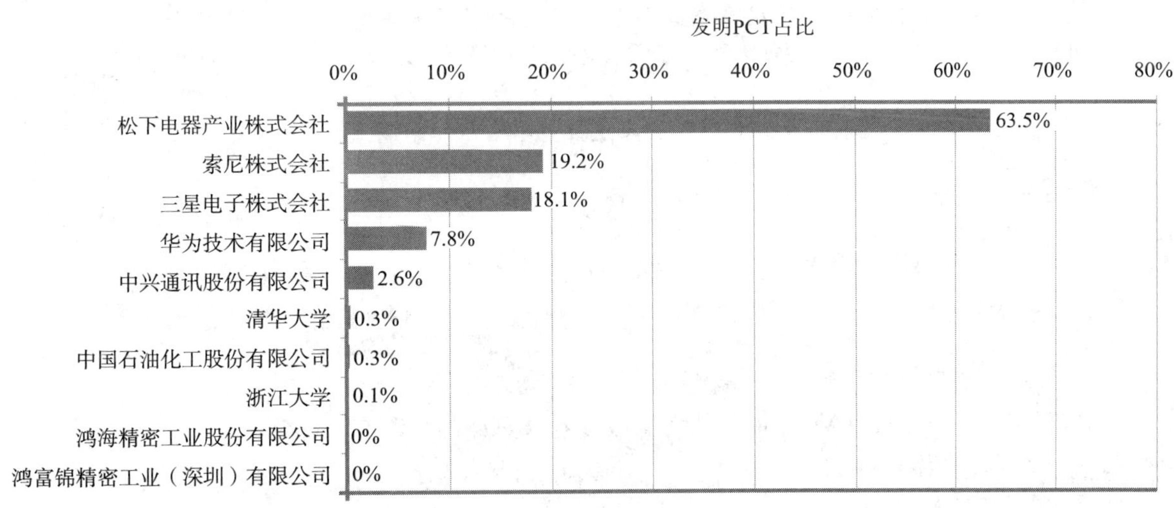

图7-6　2010～2013年主要竞争者发明PCT占比情况

数据来源：CPRS。

五、中国部分企业和高校合作申请占比较高，合作申请主体主要为企业

如图7-7和图7-8所示，十强竞争者中，鸿海精密工业股份有限公司、鸿富锦精密工业（深圳）有限公司、中国石油化工股份有限公司三个企业竞争者的合作申请占比很高，清华大学也具有较高的合作申请比例，其余竞争者主要为单独申请。该合作申请占比较高的四个竞争者的主要合作申请主体均为企业。由于高校研究成果的中立性（研究成果不属于任何其他企业），因此各企业与高校进行技术联合，不仅能为企业节省研发费用，也能积累企业的技术优势；企业也是充分利用了该优势，积极与清华大学进行技术联合。合作申请占比较高的两家公司鸿海精密工业股份有限公司和鸿富锦精密工业（深圳）有限公司，二者有很多合作申请，主要原因是两家公司为子母公司，必然会进行一些技术上的联合。中国石油化工股份有限公司作为国内最大的一体化能源化工公司之一，其具有100余家子公司、分公司，其合作申请的专利很多是其与子公司或分公司共同申请的。

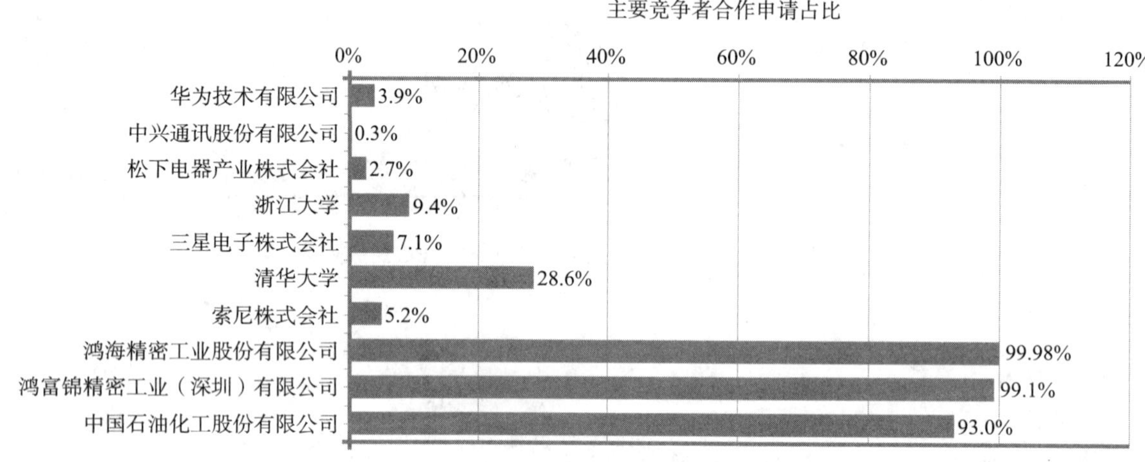

图7-7　2010～2013年主要竞争者合作申请占比

数据来源：CPRS。

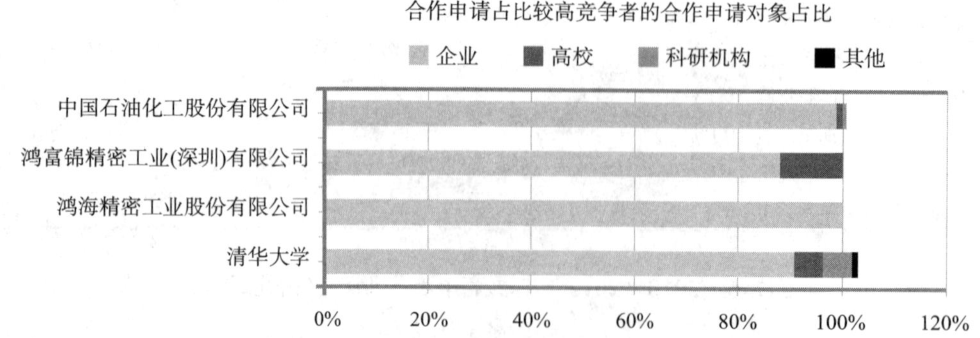

图7-8　2010～2013年高比例合作申请竞争者合作申请对象类型分布

数据来源：CPRS。

第二节　WIPO35分领域国内主要竞争者

本节中WIPO35分领域主要竞争者识别是以WIPO35各个领域2010～2013年国内发明专利授权量为依据。WIPO35分领域主要竞争者识别情况如表7-3到7-7所示。

本节将以识别出的WIPO35分领域主要竞争者为研究基础，从竞争者类型、技术领域分布、技术创新优势等角度分析WIPO35分领域主要竞争者的创新状况。

表7-3　2010～2013年WIPO35电气工程领域发明专利授权量排名前十的竞争者

WIPO35技术领域	竞争者	发明专利授权量/件	WIPO35技术领域	竞争者	发明专利授权量/件
电机/电气装置/电能	松下电器产业株式会社	1 290	音像技术	索尼株式会社	1 985
	丰田自动车株式会社	991		松下电器产业株式会社	1 535
	鸿海精密工业股份有限公司	975		三星电子株式会社	1 288
	鸿富锦精密工业（深圳）有限公司	727		鸿富锦精密工业（深圳）有限公司	773
	清华大学	565		鸿海精密工业股份有限公司	745
	海洋王照明科技股份有限公司	554		夏普株式会社	730
	三星SDI株式会社	533		佳能株式会社	676
	西门子公司	489		LG电子株式会社	542
	皇家飞利浦电子股份有限公司	487		索尼公司	517
	三菱电机株式会社	462		友达光电股份有限公司	508
电信	中兴通讯股份有限公司	3 390	数字通信	华为技术有限公司	8 027
	华为技术有限公司	2 887		中兴通讯股份有限公司	6 996
	三星电子株式会社	1 152		高通股份有限公司	1 280
	松下电器产业株式会社	847		杭州华三通信技术有限公司	1 155
	索尼株式会社	773		电信科学技术研究院	1 095
	LG电子株式会社	742		三星电子株式会社	979
	高通股份有限公司	699		艾利森电话股份有限公司	813
	夏普株式会社	563		株式会社NTT都科摩	683
	佳能株式会社	525		中国移动通信集团公司	672
	日本电气株式会社	397		LG电子株式会社	645

续表

WIPO35技术领域	竞争者	发明专利授权量/件	WIPO35技术领域	竞争者	发明专利授权量/件
基础通信程序	松下电器产业株式会社	280	计算机技术	微软公司	1 396
	NXP股份有限公司	208		国际商业机器公司	1 226
	华为技术有限公司	207		鸿富锦精密工业（深圳）有限公司	920
	三星电子株式会社	194		索尼株式会社	920
	高通股份有限公司	150		鸿海精密工业股份有限公司	896
	索尼株式会社	142		三星电子株式会社	881
	联发科技股份有限公司	130		中兴通讯股份有限公司	840
	中兴通讯股份有限公司	126		华为技术有限公司	809
	清华大学	115		英特尔公司	808
	瑞昱半导体股份有限公司	110		松下电器产业株式会社	734
信息技术管理方法	微软公司	66	半导体	中芯国际集成电路制造（上海）有限公司	1 232
	国际商业机器公司	54		株式会社半导体能源研究所	828
	北京派瑞根科技开发有限公司	33		东京毅力科创株式会社	772
	腾讯科技（深圳）有限公司	30		台湾积体电路制造股份有限公司	737
	华为技术有限公司	27		三星电子株式会社	590
	索尼株式会社	25		松下电器产业株式会社	513
	金蝶软件（中国）有限公司	24		中芯国际集成电路制造（北京）有限公司	477
	松下电器产业株式会社	22		上海华虹NEC电子有限公司	409
	中兴通讯股份有限公司	19		索尼株式会社	400
	阿里巴巴集团控股有限公司	17		国际商业机器公司	395

数据来源：CPRS。

表7-4　2010～2013年WIPO35仪器领域发明专利授权量排名前十的竞争者

WIPO35技术领域	竞争者	发明专利授权量/件	WIPO35技术领域	竞争者	发明专利授权量/件
光学	夏普株式会社	1 496	测量	北京航空航天大学	878
	佳能株式会社	1 190		浙江大学	825
	友达光电股份有限公司	1 026		清华大学	678
	三星电子株式会社	965		哈尔滨工业大学	500
	株式会社理光	777		东南大学	448
	鸿海精密工业股份有限公司	732		鸿富锦精密工业（深圳）有限公司	407
	鸿富锦精密工业（深圳）有限公司	724		鸿海精密工业股份有限公司	396
	乐金显示有限公司	600		重庆大学	360
	精工爱普生株式会社	562		上海交通大学	346
	索尼株式会社	534		西安交通大学	326

续表

WIPO35技术领域	竞争者	发明专利授权量/件	WIPO35技术领域	竞争者	发明专利授权量/件
生物材料分析	浙江大学	83	控制	北京航空航天大学	228
	希森美康株式会社	75		浙江大学	178
	中国农业大学	71		冲电气工业株式会社	150
	霍夫曼－拉罗奇有限公司	60		东南大学	132
	中国科学院上海生命科学研究院	48		鸿富锦精密工业（深圳）有限公司	128
	爱科来株式会社	44		丰田自动车株式会社	127
	江南大学	42		鸿海精密工业股份有限公司	117
	深圳迈瑞生物医疗电子股份有限公司	38		日立欧姆龙金融系统有限公司	113
	清华大学	35		三菱电机株式会社	113
	东南大学	34		西门子公司	111

数据来源：CPRS。

表7-5　2010～2013年WIPO35化学领域发明专利授权量排名前十的竞争者

WIPO35技术领域	竞争者	发明专利授权量/件	WIPO35技术领域	竞争者	发明专利授权量/件
医学技术	皇家飞利浦电子股份有限公司	554	有机精细化学	中国石油化工股份有限公司	1 025
	伊西康内外科公司	402		中国石油化工股份有限公司上海石油化工研究院	505
	奥林巴斯医疗株式会社	401		浙江大学	367
	株式会社东芝	397		巴斯夫欧洲公司	261
	东芝医疗系统株式会社	391		浙江工业大学	260
	西门子公司	257		中国石油化工股份有限公司石油化工科学研究院	248
	尤妮佳股份有限公司	204		中国科学院大连化学物理研究所	205
	宝洁公司	187		华东理工大学	205
	奥林巴斯株式会社	170		住友化学株式会社	190
	松下电器产业株式会社	170		花王株式会社	179
生物技术	浙江大学	433	药品	浙江大学	335
	江南大学	369		天津天士力制药股份有限公司	317
	中国农业大学	348		诺华公司	231
	南京农业大学	258		中国科学院上海药物研究所	227
	华中农业大学	226		中国人民解放军第二军医大学	220
	清华大学	185		中国药科大学	218
	上海交通大学	177		沈阳药科大学	209
	华南理工大学	174		山东轩竹医药科技有限公司	205
	南京工业大学	156		复旦大学	196
	山东大学	151		上海医药工业研究院	191

续表

WIPO35技术领域	竞争者	发明专利授权量/件	WIPO35技术领域	竞争者	发明专利授权量/件
高分子化学/聚合物	中国石油化工股份有限公司	544	食品化学	江南大学	307
	中国石油化工股份有限公司北京化工研究院	317		内蒙古伊利实业集团股份有限公司	299
	北京化工大学	306		浙江大学	238
	华南理工大学	291		中国农业大学	224
	巴斯夫欧洲公司	255		华南理工大学	195
	住友化学株式会社	245		南京农业大学	153
	浙江大学	237		福建农林大学	140
	沙伯基础创新塑料知识产权有限公司	235		华中农业大学	134
	中国石油天然气股份有限公司	226		湖南农业大学	109
	中国科学院长春应用化学研究所	223		三得利控股株式会社	106
基础材料化学	中国石油化工股份有限公司	1 228	材料/冶金	北京科技大学	473
	中国石油化工股份有限公司石油化工科学研究院	573		宝山钢铁股份有限公司	470
	中国石油化工股份有限公司抚顺石油化工研究院	360		中南大学	460
	中国石油天然气股份有限公司	346		清华大学	413
	浙江大学	219		浙江大学	410
	华南理工大学	213		中国石油化工股份有限公司	341
	3M创新有限公司	178		哈尔滨工业大学	332
	日东电工株式会社	177		东北大学	267
	华南农业大学	172		北京航空航天大学	244
	巴斯夫欧洲公司	170		攀钢集团钢铁钒钛股份有限公司	241
表面加工技术/涂层	东京毅力科创株式会社	315	微观结构和纳米技术	清华大学	144
	比亚迪股份有限公司	215		鸿富锦精密工业（深圳）有限公司	115
	鸿富锦精密工业（深圳）有限公司	197		北京大学	84
	哈尔滨工业大学	182		上海交通大学	81
	浙江大学	155		浙江大学	76
	鸿海精密工业股份有限公司	147		东南大学	70
	清华大学	139		中国科学院上海微系统与信息技术研究所	60
	北京航空航天大学	138		陕西科技大学	42
	株式会社爱发科	136		哈尔滨工业大学	35
	3M创新有限公司	113		西北工业大学	34

续表

WIPO35技术领域	竞争者	发明专利授权量/件	WIPO35技术领域	竞争者	发明专利授权量/件
化学工程	中国石油化工股份有限公司	1 422	环境技术	浙江大学	291
	浙江大学	446		中国石油化工股份有限公司	288
	中国石油化工股份有限公司上海石油化工研究院	445		丰田自动车株式会社	253
	中国石油化工股份有限公司石油化工科学研究院	444		清华大学	252
	中国石油化工股份有限公司抚顺石油化工研究院	326		哈尔滨工业大学	230
	清华大学	274		同济大学	209
	中国科学院大连化学物理研究所	257		南京大学	194
	中国石油天然气股份有限公司	223		通用汽车环球科技运作公司	155
	天津大学	210		华南理工大学	144
	北京化工大学	183		北京工业大学	135

数据来源：CPRS。

表7-6 2010～2013年WIPO35机械工程领域发明专利授权量排名前十的竞争者

WIPO35技术领域	竞争者	发明专利授权量/件	WIPO35技术领域	竞争者	发明专利授权量/件
装卸	三菱电机株式会社	330	机床	松下电器产业株式会社	438
	株式会社日立制作所	290		索尼株式会社	363
	东芝电梯株式会社	237		哈尔滨工业大学	310
	奥蒂斯电梯公司	138		罗伯特·博世有限公司	295
	中国国际海运集装箱（集团）股份有限公司	136		宝山钢铁股份有限公司	292
	因温特奥股份公司	131		鸿海精密工业股份有限公司	263
	欧瑞康纺织有限及两合公司	115		鸿富锦精密工业（深圳）有限公司	260
	通力股份公司	109		精工爱普生株式会社	260
	友达光电股份有限公司	105		苏州宝时得电动工具有限公司	225
	村田机械株式会社	103		浙江大学	206
发动机/泵/涡轮机	丰田自动车株式会社	766	纺织和造纸器械	精工爱普生株式会社	732
	通用电气公司	580		兄弟工业株式会社	510
	通用汽车环球科技运作公司	530		佳能株式会社	491
	本田技研工业株式会社	384		东华大学	483
	株式会社电装	288		株式会社理光	217
	西门子公司	246		清华大学	193
	三菱重工业株式会社	235		浙江大学	169
	罗伯特·博世有限公司	232		鸿富锦精密工业（深圳）有限公司	168
	株式会社理光	208		JUKI株式会社	166
	佳能株式会社	182		株式会社岛精机制作所	166

续表

WIPO35技术领域	竞争者	发明专利授权量/件	WIPO35技术领域	竞争者	发明专利授权量/件
其他专用机械	浙江大学	264	热工过程和设备	LG电子株式会社	402
	鸿富锦精密工业（深圳）有限公司	224		大金工业株式会社	322
	鸿海精密工业股份有限公司	219		松下电器产业株式会社	218
	中国农业大学	206		海尔集团公司	181
	华南理工大学	150		乐金电子（天津）电器有限公司	179
	北京化工大学	143		浙江大学	175
	四川大学	142		开利公司	159
	富士胶片株式会社	139		珠海格力电器股份有限公司	152
	武汉理工大学	123		三洋电机株式会社	129
	清华大学	118		三菱电机株式会社	128
机械元件	微软公司	756	运输	丰田自动车株式会社	1 216
	通用汽车环球科技运作公司	588		本田技研工业株式会社	895
	丰田自动车株式会社	425		通用汽车环球科技运作公司	562
	国际商业机器公司	417		奇瑞汽车股份有限公司	371
	鸿海精密工业股份有限公司	293		雅马哈发动机株式会社	282
	浙江大学	284		株式会社普利司通	229
	鸿富锦精密工业（深圳）有限公司	281		日产自动车株式会社	224
	北京航空航天大学	263		住友橡胶工业株式会社	211
	NTN株式会社	260		罗伯特・博世有限公司	183
	清华大学	255		株式会社岛野	180

数据来源：CPRS。

表7-7　2010～2013年WIPO35其他领域发明专利授权量排名前十的竞争者

WIPO35技术领域	竞争者	发明专利授权量/件	WIPO35技术领域	竞争者	发明专利授权量/件
家具游戏	科乐美数码娱乐株式会社	219	其他消费品	LG电子株式会社	546
	BSH博世和西门子家用器具有限公司	174		BSH博世和西门子家用器具有限公司	337
	松下电器产业株式会社	135		雅马哈株式会社	326
	SEB公司	111		海尔集团公司	297
	LG电子株式会社	101		松下电器产业株式会社	267
	广东新宝电器股份有限公司	89		合肥华凌股份有限公司	225
	皇家飞利浦电子股份有限公司	87		南京乐金熊猫电器有限公司	219
	戴森技术有限公司	75		合肥美的荣事达电冰箱有限公司	173
	乐金电子（天津）电器有限公司	74		青岛海尔洗衣机有限公司	132
	雀巢产品技术援助有限公司	54		湖北中烟工业有限责任公司	126

续表

WIPO35技术领域	竞争者	发明专利授权量/件	WIPO35技术领域	竞争者	发明专利授权量/件
土木工程	邱则有	313	土木工程	株式会社小松制作所	116
	湖南邱则有专利战略策划有限公司	223		河海大学	111
	中国海洋石油总公司	176		东南大学	103
	中国矿业大学	164		普拉德研究及开发股份有限公司	96
	中国石油天然气股份有限公司	129		同济大学	96

数据来源：CPRS。

一、多名竞争者分别同时位列多个技术领域的授权量前十强

如图7-9所示，WIPO35各领域的主要竞争者中总共涉及175个竞争者，其中多名竞争者分别同时位列多个技术领域的授权量前十强；涉及5个以上技术领域的主要竞争者有16个，包括浙江大学、清华大学、鸿富锦精密工业（深圳）有限公司、松下电器产业株式会社、鸿海精密工业股份有限公司、索尼株式会社、三星电子株式会社、丰田自动车株式会社、哈尔滨工业大学、华南理工大学、中国石油化工股份有限公司、北京航空航天大学、东南大学、华为技术有限公司、佳能株式会社、中兴通讯股份有限公司。其中浙江大学和清华大学分别涉及19个技术领域

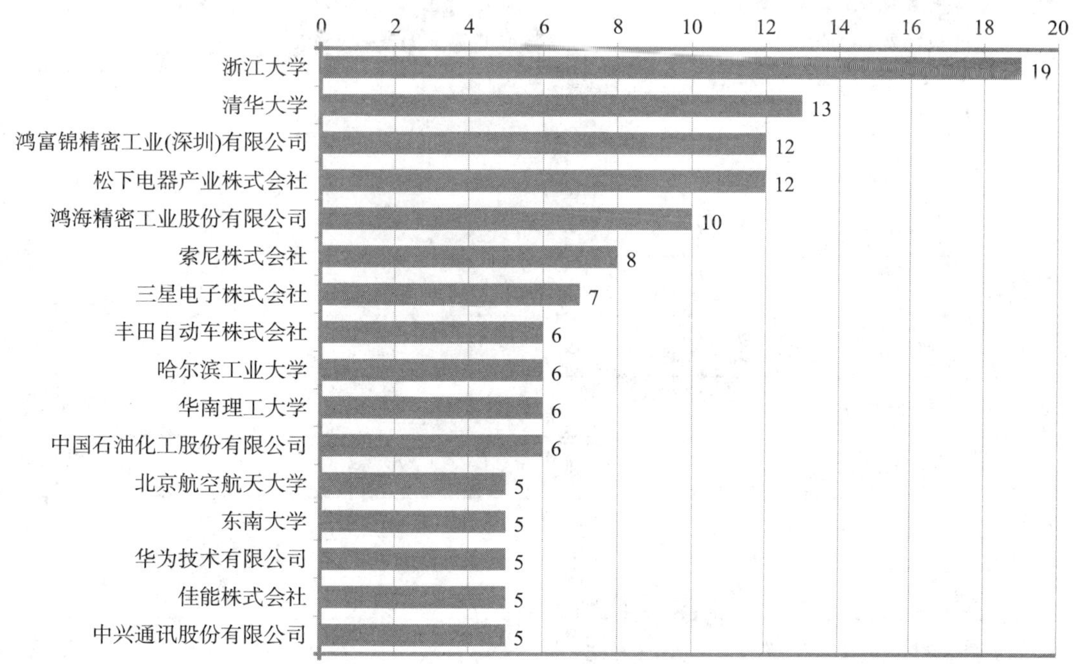

图7-9　涉及5个以上技术领域的主要竞争者

数据来源：CPRS。

和13个技术领域，体现了两所高校竞争者很强的技术创新能力和综合竞争力，鸿富锦精密工业（深圳）有限公司、松下电器产业株式会社、鸿海精密工业股份有限公司也均涉及10个技术领域以上，说明他们的技术创新能力和综合竞争力较强。

二、中国竞争者优势明显，日本竞争者实力雄厚

如表7-8所示，2010～2013年WIPO35各领域的350个主要竞争者中，中国竞争者占比优势明显，日本竞争者占比仅次于中国。其中，中国竞争者总计200个次，共涉及34个技术领域，日本竞争者总计88个次，涉及29个技术领域。

如图7-10所示，测量、生物技术、材料/冶金、微观结构和纳米技术、化学工程五个技术领域排名前十的竞争者均为中国竞争者，表明在该五个技术领域中中国竞争者的竞争实力较强。从整体看，中国竞争者的竞争优势主要集中在化学领域。

日本竞争者在运输、纺织和造纸器械、医学技术、发动机/泵/涡轮机四个技术领域的竞争优势明显，在这些技术领域中日本竞争者占据了前十位中超过半数的席位。此外，日本竞争者在音像技术、光学、电信三个技术领域也表现出了很强的竞争优势，占据了前十位中的半数席位。

表7-8　2010～2013年WIPO35技术领域主要竞争者国籍分布

/个次

WIPO35技术领域		中国	日本	美国	韩国	德国	荷兰	芬兰	瑞士	瑞典	英国
Ⅰ电气工程	电机/电气装置/电能	4	3		1	1	1				
	音像技术	3	5		2						
	电信	2	5	1	2						
	数字通信	5	1	1	2					1	
	基础通信程序	5	2	1	1		1				
	计算机技术	4	2	3	1						
	信息技术管理方法	6	2	2							
	半导体	4	4	1	1						
Ⅱ仪器	光学	3	5		2						
	测量	10									
	生物材料分析	7	2						1		
	控制	5	4			1					

续表

WIPO35技术领域		中国	日本	美国	韩国	德国	荷兰	芬兰	瑞士	瑞典	英国
Ⅲ化学	医学技术	1	6	1		1	1				
	有机精细化学	7	2			1					
	生物技术	10									
	药品	9							1		
	高分子化学/聚合物	7	1			1	1				
	食品化学	9	1								
	基础材料化学	7	1	1		1					
	材料/冶金	10									
	表面加工技术/涂层	7	2	1							
	微观结构和纳米技术	10									
	化学工程	10									
	环境技术	8	1	1							
Ⅳ机械工程	装卸	2	4	1		1		1	1		
	机床	6	3			1					
	发动机/泵/涡轮机		6	2		2					
	纺织和造纸器械	4	6								
	其他专用机械	9	1								
	热工过程和设备	4	4	1	1						
	机械元件	5	2	3							
	运输	1	7	1		1					
Ⅴ其他领域	家具游戏	2	3		1	1	1		1		1
	其他消费品	6	2		1	1					
	土木工程	8	1				1				
总计		200	88	21	15	13	6	1	4	1	1

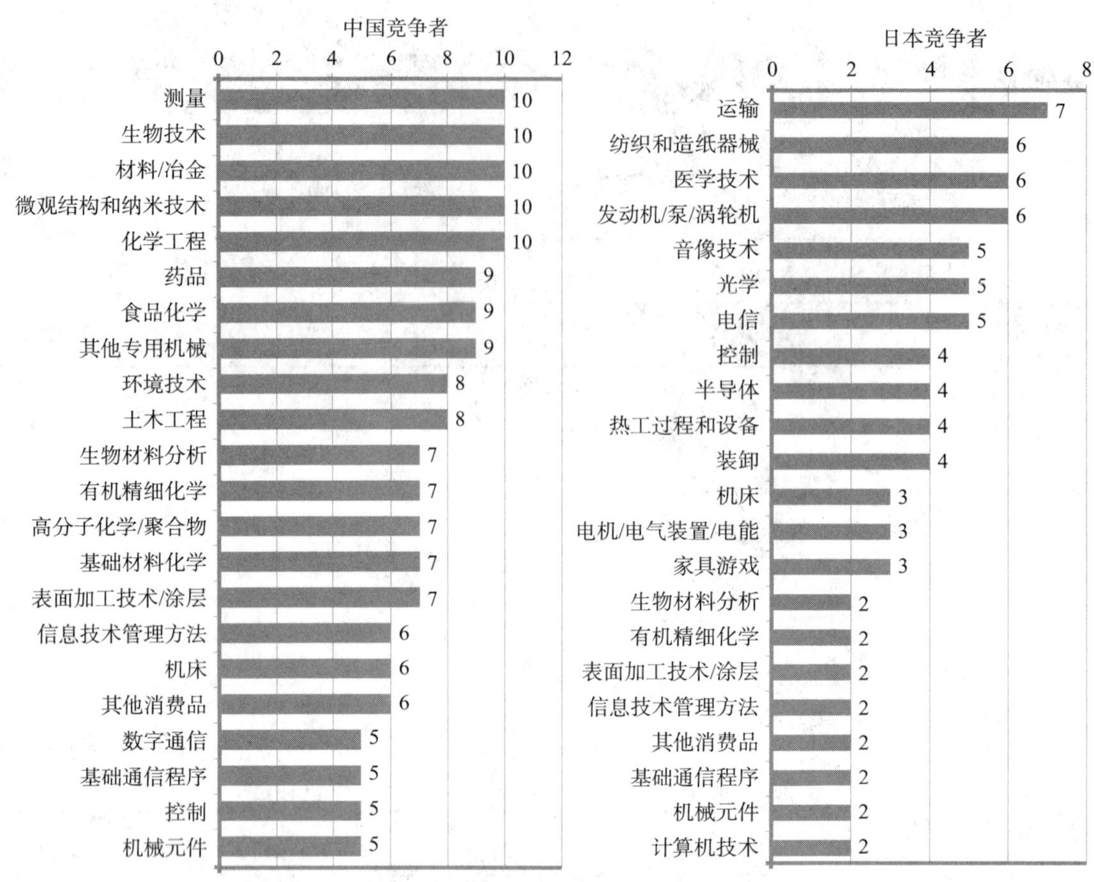

图7-10 2010～2013年WIPO35分领域中国竞争者和日本竞争者技术领域分布情况

三、企业竞争者优势明显，高校竞争者显示出较高的技术创新能力

如表7-9所示，2010～2013年WIPO35各领域的350个主要竞争者中，企业竞争者涉及242个次，企业在大多数领域突显出其作为创新主体的优势，也表明其在市场方面具有较高的竞争能力。高校竞争者涉及90个次，高校在测量、食品化学、微观结构和纳米技术、材料/冶金、环境技术、其他专用机械方面具有优势，也充分显示出高校高水平的研发创新能力。

表7-9 2010～2013年WIPO35技术领域主要竞争者类型分布

WIPO35技术领域		企业	高校	科研机构	个人
Ⅰ电气工程	电机/电气装置/电能	9	1		
	音像技术	10			
	电信	10			
	数字通信	9		1	
	基础通信程序	9	1		
	计算机技术	10			
	信息技术管理方法	10			
	半导体	9		1	

续表

WIPO35技术领域		企业	高校	科研机构	个人
Ⅱ仪器	光学	10			
	测量	2	8		
	生物材料分析	4	5	1	
	控制	7	3		
Ⅲ化学	医学技术	10			
	有机精细化学	4	3	3	
	生物技术	10			
	药品	3	5	2	
	高分子化学/聚合物	5	3	2	
	食品化学	2	8		
	基础材料化学	5	3	2	
	材料/冶金	3	7		
	表面加工技术/涂层	6	4		
	微观结构和纳米技术	1	8	1	
	化学工程	2	4	4	
	环境技术	3	7		
Ⅳ机械工程	装卸	10			
	机床	8	2		
	发动机/泵/涡轮机	10			
	纺织和造纸器械	7	3		
	其他专用机械	3	7		
	热工过程和设备	9	1		
	机械元件	7	3		
	运输	10			
Ⅴ其他领域	家具游戏	10			
	其他消费品	10			
	土木工程	5	4		1
总计		242	90	17	1

四、电气工程领域技术集中度较高，化学领域技术集中度较低

如图7-11所示，WIPO35各领域中，前十竞争者授权量占该领域国内发明授权专利数量比例最高的为数字通信领域，比例达到38.5%，说明该领域的专利技术集中度较高。专利技术集中度最高的十个技术领域中，有6个属于电气工程领域，说明电气工程领域的技术集中度较高。专利技术集中度最低的十个技术领域中，有5个涉及化学领域，说明化学领域的技术集中度较低，各竞争者之间的竞争较为激烈。

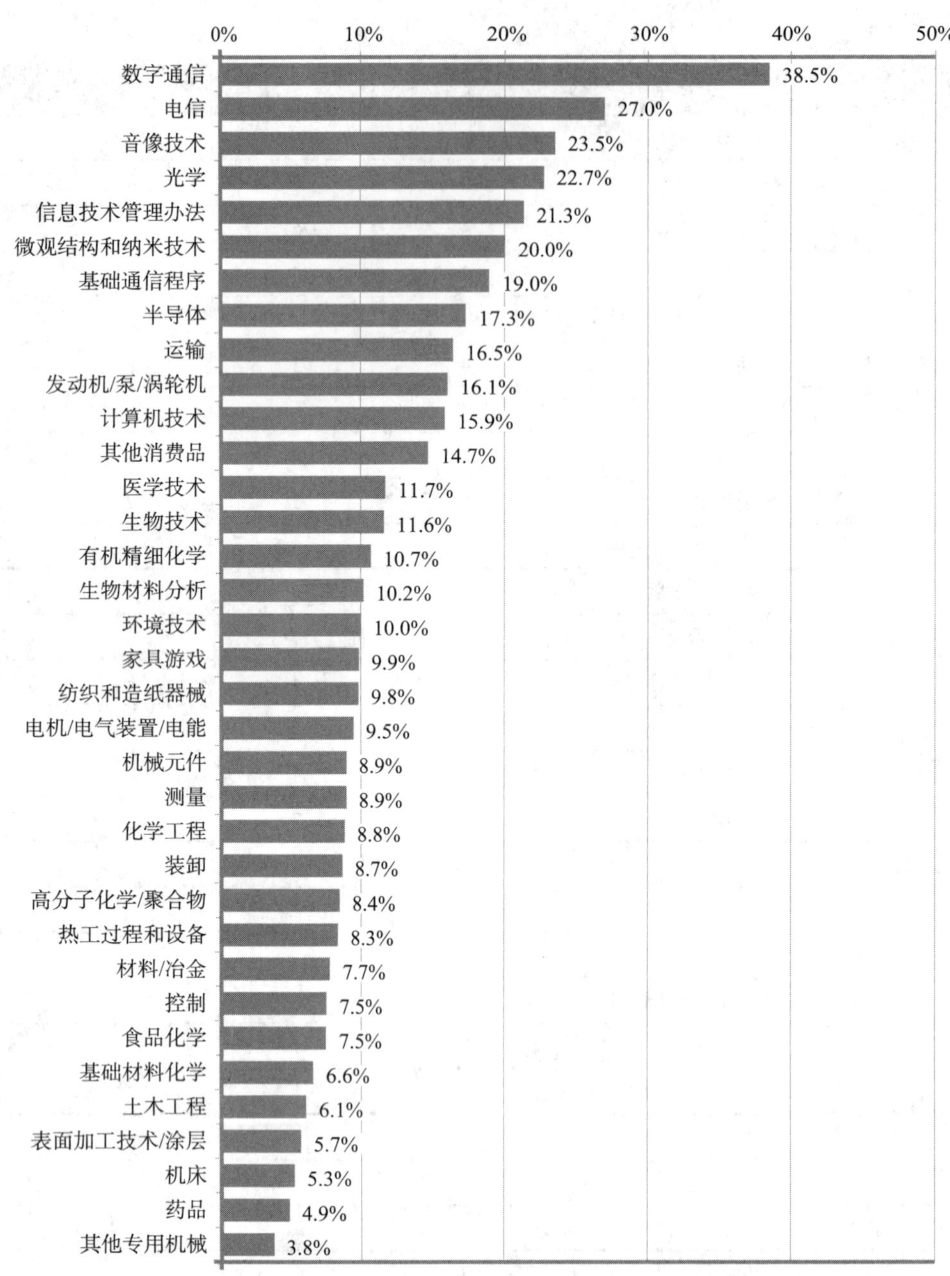

图7-11 2010～2013年WIPO35分领域专利技术集中度

数据来源：CPRS。

五、WIPO35优势领域主要竞争者技术创新情况①

1. 电机/电气装置/电能领域松下电器产业株式会社的技术创新优势明显

如表7-10所示，电机/电气装置/电能领域的主要竞争者中，松下电器产业株式会社的发明专利授权量远高于其他竞争者，达到1 290件，技术创新能力较强，其次是丰田自动车株式会社991

① 本部分以发明专利申请量最高、创新活力最强的前五个领域为例进行分析，具体领域包括：电机/电气装置/电能、计算机技术、测量、数字通信、电信。

件、鸿海精密工业股份有限公司975件、鸿富锦精密工业（深圳）有限公司727件、清华大学565件、海洋王照明科技股份有限公司554件、三星SDI株式会社533件、西门子公司489件、皇家飞利浦电子股份有限公司487件、三菱电机株式会社462件。

表7-10　2010～2013年电机/电气装置/电能领域主要竞争者的技术创新情况

电机/电气装置/电能领域竞争者	发明专利授权量/件	发明人总数/人	每发明人平均发明专利授权量/（件/人）	每授权发明专利平均发明人数/（人次/件）
松下电器产业株式会社	1 290	2 020	0.64	3.5
丰田自动车株式会社	991	1 153	0.86	2.5
鸿海精密工业股份有限公司	975	816	1.19	2.06
鸿富锦精密工业（深圳）有限公司	727	561	1.3	2.64
清华大学	565	1019	0.55	4.65
海洋王照明科技股份有限公司	554	178	3.11	2.33
三星SDI株式会社	533	694	0.77	3.09
西门子公司	489	901	0.54	2.64
皇家飞利浦电子股份有限公司	487	870	0.56	2.58
三菱电机株式会社	462	690	0.67	2.89

数据来源：CPRS。

电机/电气装置/电能领域的主要竞争者中，松下电器产业株式会社的发明人总数达到2 020人，远远高于其他竞争者，说明松下电器产业株式会社拥有授权发明专利的科研人员规模较大，创新实力较强；其次是丰田自动车株式会社1 153人、清华大学1 019人、西门子公司901人、皇家飞利浦电子股份有限公司870人、鸿海精密工业股份有限公司816人、三星SDI株式会社694人、三菱电机株式会社690人、鸿富锦精密工业（深圳）有限公司561人、海洋王照明科技股份有限公司178人。

电机/电气装置/电能领域的主要竞争者中，海洋王照明科技股份有限公司的每发明人平均发明专利授权量达到了3.11件/人，远远高于其他竞争者，平均有效创新效率较高；其次是鸿富锦精密工业（深圳）有限公司1.3件/人、鸿海精密工业股份有限公司1.19件/人、丰田自动车株式会社0.86件/人、三星SDI株式会社0.77件/人、三菱电机株式会社0.67件/人、松下电器产业株式会社0.64件/人、皇家飞利浦电子股份有限公司0.56件/人、清华大学0.55件/人、西门子公司0.54件/人。

电机/电气装置/电能领域的主要竞争者中，清华大学的每授权发明专利平均发明人数高于其他竞争者，达到了4.65人次/件，每授权发明专利投入的科研人员数量较多，授权发明专利的研究密集程度较高；其次是松下电器产业株式会社3.5人次/件、三星SDI株式会社3.09人次/件、三菱电机株式会社2.89人次/件、鸿富锦精密工业（深圳）有限公司2.64人次/件、西门子公司2.64人次/件、皇家飞利浦电子股份有限公司2.58人次/件、丰田自动车株式会社2.5人次/件、海洋王照明科技股份有限公司2.33人次/件、鸿海精密工业股份有限公司2.06人次/件。在电机/电气装置/电能领域，十强竞争者中的外国竞争者授权发明专利的研究密集程度也较高。

综合发明专利授权量、发明人总数、每发明人平均发明专利授权量、每授权发明专利平均发明人数的排名情况，在电机/电气装置/电能领域，松下电器产业株式会社的技术创新优势明显。

2. 计算机技术领域微软公司和国际商业机器公司的技术创新优势明显

如表7-11所示，计算机技术领域的主要竞争者中，微软公司和国际商业机器公司的发明专利授权量分别达到1 396件、1 226件，远高于其他竞争者，两家外国竞争者的技术创新能力较强，其次是鸿富锦精密工业（深圳）有限公司920件、索尼株式会社920件、鸿海精密工业股份有限公司896件、三星电子株式会社881件、中兴通讯股份有限公司840件、华为技术有限公司809件、英特尔公司808件、松下电器产业株式会社734件。在计算机技术领域，十强竞争者中外国竞争者的技术创新能力较中国竞争者更强。

表7-11　2010～2013年计算机技术领域主要竞争者的技术创新情况

计算机技术领域竞争者	发明专利授权量/件	发明人总数/人	每发明人平均发明专利授权量/（件/人）	每授权发明专利平均发明人数/（人次/件）
微软公司	1 396	3 901	0.36	3.88
国际商业机器公司	1 226	3 299	0.37	3.39
鸿富锦精密工业（深圳）有限公司	920	721	1.28	2.36
索尼株式会社	920	1 294	0.71	2.93
鸿海精密工业股份有限公司	896	761	1.18	2.3
三星电子株式会社	881	1 439	0.61	2.89
中兴通讯股份有限公司	840	1 283	0.65	2.18
华为技术有限公司	809	1 231	0.66	3.05
英特尔公司	808	1 785	0.45	3.2
松下电器产业株式会社	734	945	0.78	2.86

数据来源：CPRS。

计算机技术领域的主要竞争者中，微软公司和国际商业机器公司的发明人总数分别达到3 901人、3 299人，远远高于其他竞争者，说明微软公司和国际商业机器公司拥有授权发明专利的科研人员规模较大，创新实力较强；其次是英特尔公司1 785人、三星电子株式会社1 439人、索尼株式会社1 294人、中兴通讯股份有限公司1 283人、华为技术有限公司1 231人、松下电器产业株式会社945人、鸿海精密工业股份有限公司761人、鸿富锦精密工业（深圳）有限公司721人。

计算机技术领域的主要竞争者中，鸿富锦精密工业（深圳）有限公司、鸿海精密工业股份有限公司的每发明人平均发明专利授权量分别达到了1.28件/人、1.18件/人，高于其他竞争者，两家公司的平均有效创新效率高；其次是松下电器产业株式会社0.78件/人、索尼株式会社0.71件/人、华为技术有限公司0.66件/人、中兴通讯股份有限公司0.65件/人、三星电子株式会社0.61件/人、英特尔公司0.45件/人、国际商业机器公司0.37件/人、微软公司0.36件/人。

计算机技术领域的主要竞争者中，微软公司和国际商业机器公司的每授权发明专利平均发明人数高于其他竞争者，分别为3.88人次/件、3.39人次/件，两家公司每授权发明专利投入的科研人员数量较多，授权发明专利的研究密集程度较高；其次是英特尔公司3.2人次/件、华为技术有限公司3.05人次/件、索尼株式会社2.93人次/件、三星电子株式会社2.89人次/件、松下电器产业株式会社2.86人次/件、鸿富锦精密工业（深圳）有限公司2.36人次/件、鸿海精密工业股份有限公司2.3人次/件、中兴通讯股份有限公司2.18人次/件。

综合发明专利授权量、发明人总数、每发明人平均发明专利授权量、每授权发明专利平均发明人数的排名情况，在计算机技术领域，微软公司和国际商业机器公司的技术创新优势明显，中国竞争者的技术创新表现欠佳。

3. 测量领域前十竞争者全部被中国竞争者占据，高校竞争者的技术创新优势明显

如表7-12所示，测量领域的主要竞争者中，前十竞争者全部被中国竞争者占据，包括8个高校竞争者和2个企业竞争者；北京航空航天大学和浙江大学的发明专利授权量分别达到878件、825件，远高于其他竞争者，其次是清华大学678件、哈尔滨工业大学500件、东南大学448件、鸿富锦精密工业（深圳）有限公司407件、鸿海精密工业股份有限公司396件、重庆大学360件、上海交通大学346件、西安交通大学326件。在测量领域，十强竞争者中高校竞争者的技术创新能力较强。

表7-12　2010～2013年测量领域主要竞争者的技术创新情况

测量领域竞争者	发明专利授权量/件	发明人总数/人	每发明人平均发明专利授权量/（件/人）	每授权发明专利平均发明人数/（人次/件）
北京航空航天大学	878	1 706	0.51	4.51
浙江大学	825	1 702	0.48	4.26
清华大学	678	1 569	0.43	5.22
哈尔滨工业大学	500	1 169	0.43	4.75
东南大学	448	769	0.58	3.39
鸿富锦精密工业（深圳）有限公司	407	409	1	2.22
鸿海精密工业股份有限公司	396	395	1	2.13
重庆大学	360	1 069	0.34	5.5
上海交通大学	346	955	0.36	4.58
西安交通大学	326	856	0.38	5.24

数据来源：CPRS。

测量领域的主要竞争者中，发明人总数排名由多到少依次为：北京航空航天大学1 706人、浙江大学1 702人、清华大学1 569人、哈尔滨工业大学1 169人、重庆大学1 069人、上海交通大学955人、西安交通大学856人、东南大学769人、鸿富锦精密工业（深圳）有限公司409人、鸿海精密工业股份有限公司395人，该数据反映出高校竞争者拥有授权发明专利的科研人员规模较大。

测量领域的主要竞争者中，鸿富锦精密工业（深圳）有限公司和鸿海精密工业股份有限公司的每发明人平均发明专利授权量均为1件/人，高于该领域的其他竞争者，表明该两家公司的平均有效创新效率高；其次是东南大学0.58件/人、北京航空航天大学0.51件/人、浙江大学0.48件/人、清华大学0.43件/人、哈尔滨工业大学0.43件/人、西安交通大学0.38件/人、上海交通大学0.36件/人、重庆大学0.34件/人，该数据反映出企业竞争者的平均有效创新效率高，高校竞争者的平均有效创新效率较低。

测量领域的主要竞争者中，每授权发明专利平均发明人数由多到少依次为：重庆大学5.5人次/件、西安交通大学5.24人次/件、清华大学5.22人次/件、哈尔滨工业大学4.75人次/件、上海交通大学4.58人次/件、北京航空航天大学4.51人次/件、浙江大学4.26人次/件、东南大学3.39人次/件、鸿富锦精密工业（深圳）有限公司2.22人次/件、鸿海精密工业股份有限公司2.13人次/件，该数据反映出高校竞争者每授权发明专利投入的科研人员数量较多，授权发明专利的研究密集程度较高，而企业竞争者每授权发明专利投入的科研人员数量相对较少，授权发明专利的研究密集程度相对较低。

综合发明专利授权量、发明人总数、每发明人平均发明专利授权量、每授权发明专利平均发明人数的排名情况，在测量领域，高校竞争者的技术创新优势明显，高校竞争者中北京航空航天大学的技术创新优势最强。

4. 数字通信领域华为技术有限公司和中兴通信股份有限公司的技术创新优势显著

如表7-13所示，数字通信领域的主要竞争者中，华为技术有限公司和中兴通信股份有限公司的发明专利授权量分别达到8 027件、6 996件，远远高于其他竞争者，两家公司在数字通信领域的技术创新能力很强，其次是高通股份有限公司1 280件、杭州华三通信技术有限公司1 155件、电信科学技术研究院1 095件、三星电子株式会社979件、艾利森电话股份有限公司813件、株式会社NTT都科摩683件、中国移动通信集团公司672件、LG电子株式会社645件。

表7-13　2010～2013年数字通信领域主要竞争者的技术创新情况

数字通信领域竞争者	发明专利授权量/件	发明人总数/人	每发明人平均发明专利授权量/（件/人）	每授权发明专利平均发明人数/（人次/件）
华为技术有限公司	8 027	5 868	1.37	2.46
中兴通讯股份有限公司	6 996	5 027	1.39	2.3
高通股份有限公司	1 280	1 543	0.83	3.11

续表

数字通信领域竞争者	发明专利授权量/件	发明人总数/人	每发明人平均发明专利授权量/（件/人）	每授权发明专利平均发明人数/（人次/件）
杭州华三通信技术有限公司	1 155	666	1.73	1.68
电信科学技术研究院	1 095	288	3.8	3.01
三星电子株式会社	979	1 301	0.75	3.32
艾利森电话股份有限公司	813	1 228	0.66	2.61
株式会社NTT都科摩	683	566	1.21	3.4
中国移动通信集团公司	672	826	0.81	4.36
LG电子株式会社	645	496	1.3	3.25

数据来源：CPRS。

数字通信领域的主要竞争者中，华为技术有限公司和中兴通信股份有限公司的发明人总数分别达到5 868人和5 027人，远远高于其他竞争者，说明华为技术有限公司和中兴通讯股份有限公司拥有授权发明专利的科研人员规模较大，创新实力较强；其次是高通股份有限公司1 543人、三星电子株式会社1 301人、艾利森电话股份有限公司1 228人、中国移动通信集团公司826人、杭州华三通信技术有限公司666人、株式会社NTT都科摩566人、LG电子株式会社496人、电信科学技术研究院288人。

数字通信领域的主要竞争者中，电信科学技术研究院的每发明人平均发明专利授权量远高于其他竞争者，达到3.8件/人，其次是杭州华三通信技术有限公司1.73件/人、中兴通讯股份有限公司1.39件/人、华为技术有限公司1.37件/人、LG电子株式会社1.3件/人、株式会社NTT都科摩1.21件/人、高通股份有限公司0.83件/人、中国移动通信集团公司0.81件/人、三星电子株式会社0.75件/人、艾利森电话股份有限公司0.66件/人。在数字通信领域，前十强竞争者中唯一的科研机构竞争者平均有效创新效率较高。

数字通信领域的主要竞争者中，中国移动通信集团公司的每授权发明专利平均发明人数最高，达到4.36人次/件，每授权发明专利投入的科研人员数量较多，授权发明专利的研究密集程度高；其次是株式会社NTT都科摩3.4人次/件、三星电子株式会社3.32人次/件、LG电子株式会社3.25人次/件、高通股份有限公司3.11人次/件、电信科学技术研究院3.01人次/件、艾利森电话股份有限公司2.61人次/件、华为技术有限公司2.46人次/件、中兴通讯股份有限公司2.3人次/件、杭州华三通信技术有限公司1.68人次/件。

综合发明专利授权量、发明人总数、每发明人平均发明专利授权量、每授权发明专利平均发明人数的排名情况，在数字通信领域，华为技术有限公司和中兴通讯股份有限公司的技术创新优势显著。

5. 电信领域中兴通讯股份有限公司和华为技术有限公司的技术创新优势显著

如表7-14所示，电信领域的主要竞争者中，仅有的两个中国竞争者中兴通讯股份有限公司和华为技术有限公司的发明专利授权量分别达到3 390件、2 887件，远远高于其他竞争者，两家公司在该领域的技术创新能力很强，其次是三星电子株式会社1 152件、松下电器产业株式会社847件、索尼株式会社773件、LG电子株式会社742件、高通股份有限公司699件、夏普株式会社563件、佳能株式会社525件、日本电气株式会社397件。

表7-14　2010～2013年电信领域主要竞争者的技术创新情况

电信领域竞争者	发明专利授权量/件	发明人总数/人	每发明人平均发明专利授权量/（件/人）	每授权发明专利平均发明人数/（人次/件）
中兴通讯股份有限公司	3 390	3 166	1.07	2.29
华为技术有限公司	2 887	3 283	0.88	2.54
三星电子株式会社	1 152	1 606	0.72	3.22
松下电器产业株式会社	847	1109	0.76	3
索尼株式会社	773	1153	0.67	2.68
LG电子株式会社	742	719	1.03	2.87
高通股份有限公司	699	1056	0.66	2.92
夏普株式会社	563	640	0.88	2.45
佳能株式会社	525	649	0.81	1.63
日本电气株式会社	397	406	0.98	1.59

数据来源：CPRS。

电信领域的主要竞争者中，华为技术有限公司和中兴通讯股份有限公司的发明人总数分别达到3 283人和3 166人，远远高于其他竞争者，说明华为技术有限公司和中兴通讯股份有限公司在该领域拥有授权发明专利的科研人员规模较大，创新实力较强；其次是三星电子株式会社1 606人、索尼株式会社1 153人、松下电器产业株式会社1 109人、高通股份有限公司1 056人、LG电子株式会社719人、佳能株式会社649人、夏普株式会社640人、日本电气株式会社406人。

电信领域的主要竞争者中，中兴通讯股份有限公司的每发明人平均发明专利授权量略高于其他竞争者，为1.07件/人，其次是LG电子株式会社1.03件/人、日本电气株式会社0.98件/人、华为技术有限公司0.88件/人、夏普株式会社0.88件/人、佳能株式会社0.81件/人、松下电器产业株式会社0.76件/人、三星电子株式会社0.72件/人、索尼株式会社0.67件/人、高通股份有限公司0.66件/人。在电信领域，各竞争者的平均有效创新效率差距不明显。

电信领域的主要竞争者中，三星电子株式会社的每授权发明专利平均发明人数最高，达到3.22人次/件；其次是松下电器产业株式会社3人次/件、高通股份有限公司2.92人次/件、LG电子株式会社2.87人次/件、索尼株式会社2.68人次/件、华为技术有限公司2.54人次/件、夏普株式会社2.45人次/件、中兴通讯股份有限公司2.29人次/件、佳能株式会社1.63人次/件、日本电气株式会社1.59人次/件。十强竞争者中外国竞争者的每授权发明专利投入的科研人员数量较多，授权发明专利的研究密集程度较高。

综合发明专利授权量、发明人总数、每发明人平均发明专利授权量、每授权发明专利平均发明人数的排名情况，在电信领域，十强竞争者中仅有的两个中国竞争者中兴通讯股份有限公司和华为技术有限公司的技术创新优势显著。

第三节　战略性新兴产业国内主要竞争者

本节将重点研究七大战略性新兴产业国内主要竞争者，从竞争者类型、技术领域分布、发明PCT申请状况、技术创新优势等角度分析七大战略性新兴产业的创新状况。

一、战略性新兴产业中国企业和高校在国内技术创新活动中具有重要地位

如表7-15所示，2010～2013年战略性新兴产业国内发明专利授权量排名前十的竞争者全部由企业和高校构成，企业竞争者占主导地位。其中，中国竞争者占据6个席位，日本竞争者占据3个席位，还有1个席位被韩国竞争者占据。6个中国竞争者中，企业竞争者和高校竞争者各占据3个席位，而4个外国竞争者均为企业竞争者。可见，我国的企业和高校在国内技术创新活动中具有重要地位，我们的主要竞争对手来自日本。

表7-15　2010～2013年战略性新兴产业国内发明专利授权量排名前十竞争者

排名	竞争者	国籍	类型	2010～2013年发明专利授权量/件
1	中兴通讯股份有限公司	中国	企业	2 586
2	华为技术有限公司	中国	企业	2 409
3	浙江大学	中国	高校	1 932
4	清华大学	中国	高校	1 728
5	松下电器产业株式会社	日本	企业	1 426
6	中国石油化工股份有限公司	中国	企业	1 324
7	丰田自动车株式会社	日本	企业	1 315
8	上海交通大学	中国	高校	1 194
9	三星电子株式会社	韩国	企业	1 172
10	索尼株式会社	日本	企业	1 067

数据来源：战略性新兴产业专利检索系统。

二、战略性新兴产业中兴通讯股份有限公司和华为技术有限公司的技术创新优势明显

如表7-16所示，2010～2013年战略性新兴产业的主要竞争者中，中兴通讯股份有限公司和华为技术有限公司的发明专利授权量高于其他竞争者，分别达到2 586件、2 409件，两家公司的技术创新能力较强，其次是浙江大学1 932件、清华大学1 728件、松下电器产业株式会社1 426件、中国石油化工股份有限公司1 324件、丰田自动车株式会社1 315件、上海交通大学1 194件、三星电子株式会社1 172件、索尼株式会社1 067件。

表7-16　2010～2013年战略性新兴产业主要竞争者的技术创新情况

竞争者	发明专利授权量/件	发明人总数/人	每发明人平均发明专利授权量/（件/人）	每授权发明专利平均发明人数/（人次/件）
中兴通讯股份有限公司	2 586	2 711	0.95	2.19
华为技术有限公司	2 409	2 765	0.87	2.59
浙江大学	1 932	3 821	0.51	4.55
清华大学	1 728	3 025	0.57	4.25
松下电器产业株式会社	1 426	2 117	0.67	3.27
中国石油化工股份有限公司	1 324	1 914	0.69	5.32
丰田自动车株式会社	1 315	1 653	0.8	2.7
上海交通大学	1 194	2 574	0.46	4.12
三星电子株式会社	1 172	2 216	0.53	3.15
索尼株式会社	1 067	1 690	0.63	2.69

数据来源：战略性新兴产业专利检索系统。

2010～2013年战略性新兴产业的主要竞争者中，浙江大学的发明人总数高于其他竞争者，达到3 821人，说明浙江大学拥有授权发明专利的科研人员规模较大，创新实力较强；其次是清华大学3 025人、华为技术有限公司2 765人、中兴通讯股份有限公司2 711人、上海交通大学2 574人、三星电子株式会社2 216人、松下电器产业株式会社2 117人、中国石油化工股份有限公司1 914人、索尼株式会社1 690人、丰田自动车株式会社1 653人。该数据反映出战略性新兴产业高校竞争者拥有授权发明专利的科研人员规模较企业竞争者大。

2010～2013年战略性新兴产业的主要竞争者中，中兴通讯股份有限公司和华为技术有限公司的每发明人平均发明专利授权量高于其他竞争者，达到0.95件/人、0.87件/人，两家企业的平均有效创新效率较高；其次是丰田自动车株式会社0.8件/人、中国石油化工股份有限公司0.69件/人、松下电器产业株式会社0.67件/人、索尼株式会社0.63件/人、清华大学0.57件/人、三星电子株式会社0.53件/人、浙江大学0.51件/人、上海交通大学0.46件/人。十强竞争者中的三个高校

竞争者的每发明人平均发明专利授权量较低，平均有效创新效率较低。

2010～2013年战略性新兴产业的主要竞争者中，2013年中国500强之首的中国石油化工股份有限公司的每授权发明专利平均发明人数高于其他竞争者，达到了5.32人次/件，其次是浙江大学4.55人次/件、清华大学4.25人次/件、上海交通大学4.12人次/件、松下电器产业株式会社3.27人次/件、三星电子株式会社3.15人次/件、丰田自动车株式会社2.7人次/件、索尼株式会社2.69人次/件、华为技术有限公司2.59人次/件、中兴通讯股份有限公司2.19人次/件，该数据反映出实力较强的企业和高校每授权发明专利投入的科研人员数量较多，授权发明专利的研究密集程度较高。

综合发明专利授权量、发明人总数、每发明人平均发明专利授权量、每授权发明专利平均发明人数的排名情况，在战略性新兴产业，中兴通讯股份有限公司和华为技术有限公司的技术创新优势明显。

三、战略性新兴产业的企业竞争者产业分布相对集中，高校竞争者产业分布范围广

如图7-12所示，七家企业竞争者中兴通讯股份有限公司、华为技术有限公司、松下电器产业株式会社、中国石油化工股份有限公司、丰田自动车株式会社、三星电子株式会社、索尼株式会社的产业分布相对集中。中兴通讯股份有限公司、华为技术有限公司、松下电器产业株式会社、三星电子株式会社、索尼株式会社五家公司均在其优势产业新一代信息技术产业集中布局，优势产业的发明专利授权量远远高于其他产业，该五家公司在新一代信息技术产业的技术创新能力很强。中国石油化工股份有限公司在新材料产业和节能环保产业拥有较多的发明授权专利，其在新材料产业和节能环保产业具有很强的技术创新能力。丰田自动车株式会社的优势产业集中在新能源汽车产业和节能环保产业，其在新能源汽车产业和节能环保产业具有很强的技术创新能力。

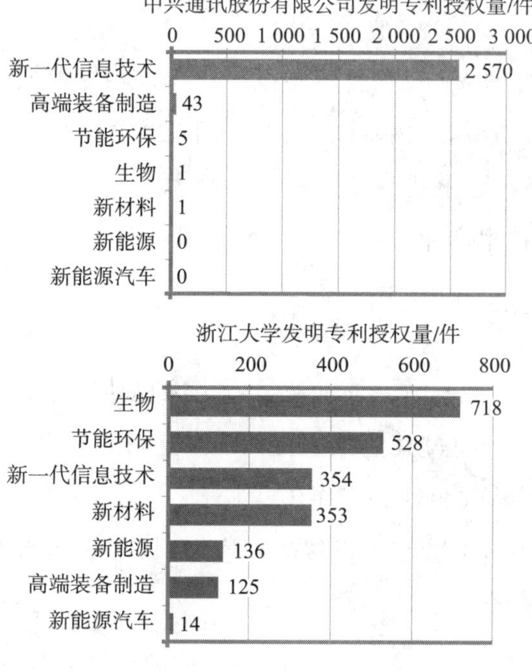

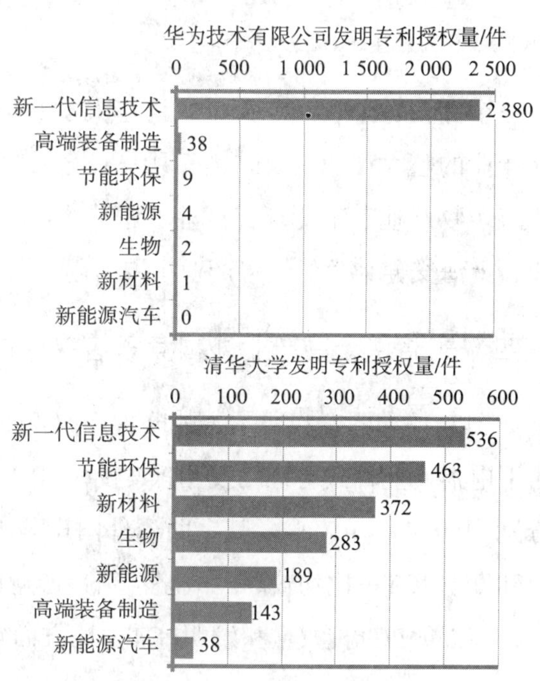

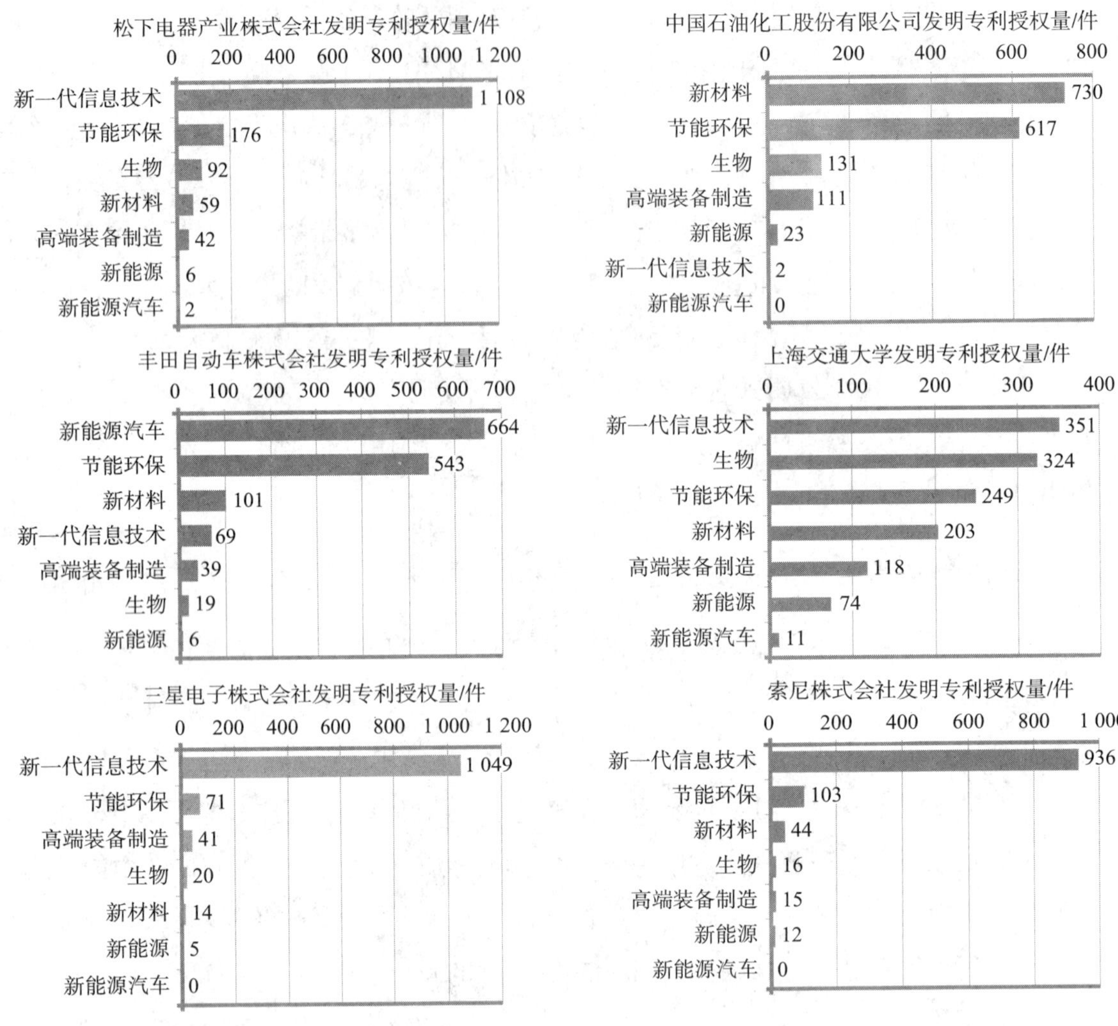

图7-12 2010～2013年战略性新兴产业主要竞争者发明授权专利产业分布

数据来源：战略性新兴产业专利检索系统。

三个高校竞争者浙江大学、清华大学、上海交通大学的产业分布范围较广，均涉及战略性新兴产业的七大产业，反映出三所高校较强的科研创新能力和综合实力。浙江大学的优势产业主要有生物产业、节能环保产业，清华大学的优势产业主要有新一代信息技术产业、节能环保产业，上海交通大学的优势产业主要有新一代信息技术产业、生物产业。

四、战略性新兴产业外国竞争者在中国申请发明PCT占比较大

如图7-13和图7-14所示，战略性新兴产业十强竞争者中，外国竞争者丰田自动车株式会社和松下电器产业株式会社的发明PCT授权量最高，远远超过其他竞争者，两家公司的发明PCT占比分别为89.9%、65.2%。其余两个外国竞争者索尼株式会社和三星电子株式会社的发明PCT授权量和发明PCT占比均较高。战略性新兴产业的中国竞争者较少直接向国家知识产权局提出PCT申请，在发明PCT授权量和发明PCT占比方面较低。

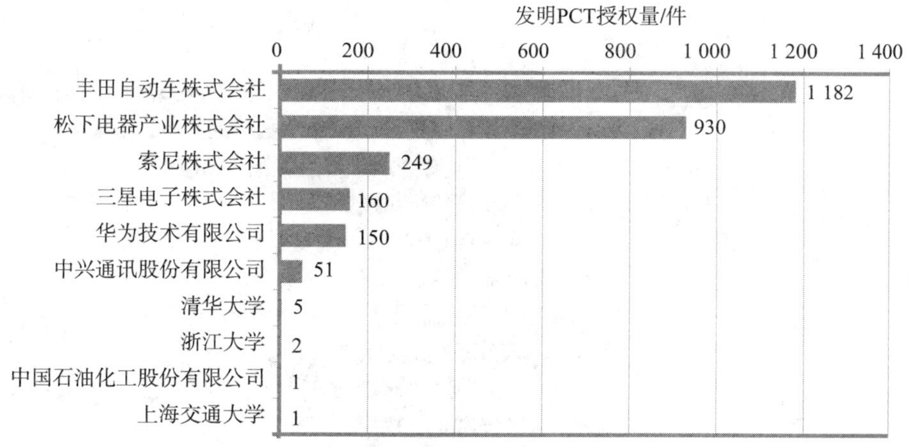

图7-13　2010～2013年战略性新兴产业主要竞争者发明PCT授权量

数据来源：战略性新兴产业专利检索系统。

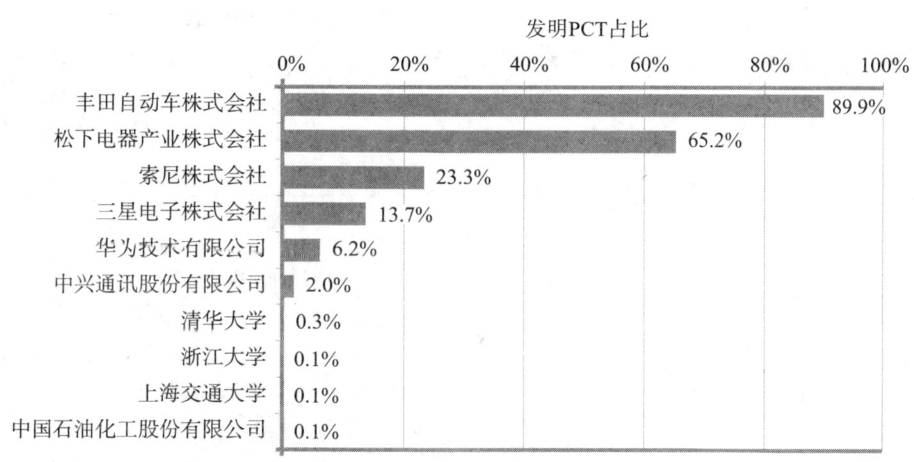

图7-14　2010～2013年战略性新兴产业主要竞争者发明PCT占比情况

数据来源：战略性新兴产业专利检索系统。

五、七大战略性新兴产业的多名高校竞争者分别同时位列多个产业的授权量前十强

如图7-15和表7-17所示，七大战略性新兴产业的主要竞争者中总共涉及49个竞争者，其中多名竞争者分别同时位列多个技术领域的授权量前十强；涉及两个以上技术领域的主要竞争者有10个，包括清华大学、浙江大学、哈尔滨工业大学、华南理工大学、中国石油化工股份有限公司、丰田自动车株式会社、上海交通大学、比亚迪股份有限公司、通用汽车环球科技运作公司、中国石油化工股份有限公司上海石油化工研究院。其中清华大学、浙江大学、哈尔滨工业大学分别涉及6个产业、5个产业、4个产业，反映出三所高校竞争者很强的技术创新能力和综合竞争力。

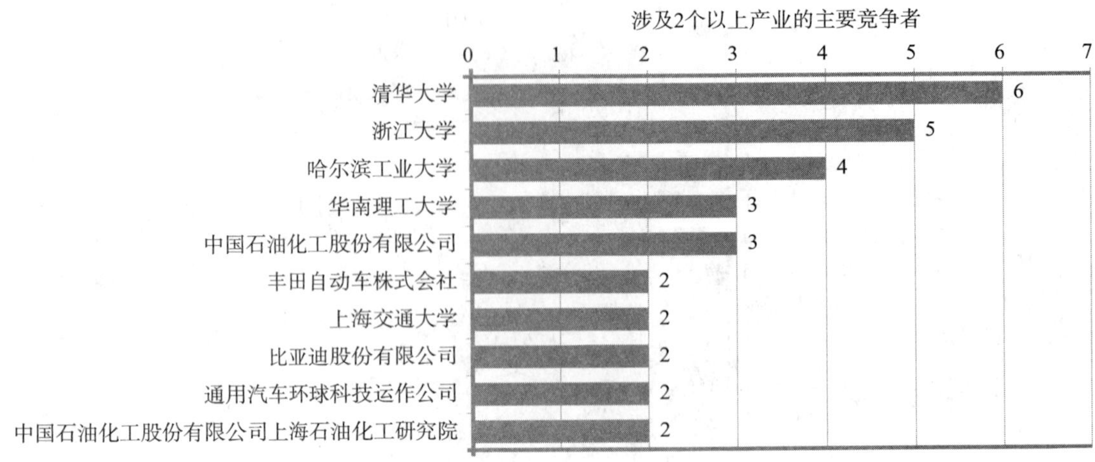

图7-15　2010～2013年七大战略性新兴产业涉及两个以上产业的主要竞争者

数据来源：战略性新兴产业专利检索系统。

表7-17　2010～2013年七大战略性新兴产业各产业主要竞争者

产业	竞争者	发明专利授权量/件	产业	竞争者	发明专利授权量/件
节能环保	中国石油化工股份有限公司	617	新一代信息技术	中兴通讯股份有限公司	2 570
	丰田自动车株式会社	543		华为技术有限公司	2 380
	浙江大学	528		松下电器产业株式会社	1 108
	清华大学	463		三星电子株式会社	1 049
	哈尔滨工业大学	326		中芯国际集成电路制造（上海）有限公司	1 008
	株式会社半导体能源研究所	309		索尼株式会社	936
	通用汽车环球科技运作公司	302		国际商业机器公司	675
	华南理工大学	290		LG电子株式会社	549
	同济大学	288		清华大学	536
	中南大学	287		东京毅力科创株式会社	514
生物	浙江大学	718	高端装备制造	北京航空航天大学	384
	江南大学	491		哈尔滨工业大学	179
	伊西康内外科公司	402		清华大学	143
	株式会社东芝	399		空中客车德国有限公司	134
	奥林巴斯医疗株式会社	393		浙江大学	125
	华南理工大学	379		上海交通大学	118
	东芝医疗系统株式会社	376		中国石油化工股份有限公司	111

续表

产业	竞争者	发明专利授权量/件	产业	竞争者	发明专利授权量/件
	中国农业大学	369		中国石油化工股份有限公司上海石油化工研究院	96
	上海交通大学	324		南京航空航天大学	94
	皇家飞利浦电子股份有限公司	306		精工爱普生株式会社	78
新能源	清华大学	189	新材料	中国石油化工股份有限公司	730
	通用电气公司	166		清华大学	372
	浙江大学	136		浙江大学	353
	徐宝安	105		中国石油化工股份有限公司上海石油化工研究院	313
	中国广东核电集团有限公司	100		北京化工大学	258
	北京印刷学院	88		东华大学	257
	东南大学	81		比亚迪股份有限公司	232
	维斯塔斯风力系统有限公司	81		华南理工大学	231
	北京环能海臣科技有限公司	79		哈尔滨工业大学	222
	哈尔滨工业大学	76		鸿富锦精密工业（深圳）有限公司	208
新能源汽车	丰田自动车株式会社	664	新能源汽车	本田技研工业株式会社	40
	通用汽车环球科技运作公司	226		爱信艾达株式会社	39
	奇瑞汽车股份有限公司	96		清华大学	38
	日产自动车株式会社	54		通用汽车公司	38
	比亚迪股份有限公司	52		现代自动车株式会社	38

数据来源：战略性新兴产业专利检索系统。

六、七大战略性新兴产业的中国竞争者优势明显，日本竞争者实力不容小觑

如表7-18所示，2010～2013年七大战略性新兴产业的70个主要竞争者中，中国竞争者占比优势明显，日本竞争者占比仅次于中国。其中，中国竞争者总计45个次，涉及七大战略性新兴产业的各产业，日本竞争者总计13个次，涉及七大战略性新兴产业的5个产业。中国竞争者在新材料产业、高端装备制造产业、新能源产业、节能环保产业的竞争优势明显，日本竞争者在新能源汽车产业的竞争优势明显。

表7-18　2010～2013年七大战略性新兴产业主要竞争者国籍分布　/个次

七大战略性新兴产业	中国	日本	美国	韩国	荷兰	德国	丹麦
节能环保	7	2	1				
新一代信息技术	4	3	1	2			
生物	5	3	1		1		
高端装备制造	8	1				1	
新能源	8		1				1
新材料	10						
新能源汽车	3	4	2	1			
总计	45	13	6	3	1	1	1

数据来源：战略性新兴产业专利检索系统。

七、七大战略性新兴产业的高校竞争者具有很强的创新优势

如表7-19所示，2010～2013年七大战略性新兴产业的70个主要竞争者中，企业竞争者涉及36个次，高校竞争者涉及30个次，科研机构涉及3个次，个人涉及1个。说明高校竞争者在七大战略性新兴产业的创新活动中扮演着重要角色，而企业竞争者作为创新主体，并没有凸显出明显的创新优势。

表7-19　2010～2013年七大战略性新兴产业主要竞争者类型分布　/个次

七大战略性新兴产业	企业	高校	科研机构	个人
节能环保	3	6	1	
新一代信息技术	9	1		
生物	5	5		
高端装备制造	3	6	1	
新能源	4	5		1
新材料	3	6	1	
新能源汽车	9	1		
总计	36	30	3	1

数据来源：战略性新兴产业专利检索系统。

八、新能源汽车产业授权发明专利技术集中度较高，生物产业授权发明技术集中度较低

如图7-16所示，七大战略性新兴产业中，前十竞争者发明专利授权量占该产业国内发明专利授权量比例最高的产业为新能源汽车产业，仅前十竞争者就拥有国内51.8%的发明专利授权量，而

其余竞争者的发明专利授权量不足一半，说明新能源汽车产业的授权发明专利技术集中度较高。前十竞争者发明专利授权量占该产业国内发明专利授权量比例最低的产业为生物产业，占比仅为5.8%，说明生物产业的授权发明专利技术集中度较低，各竞争者之间的竞争较为激烈。

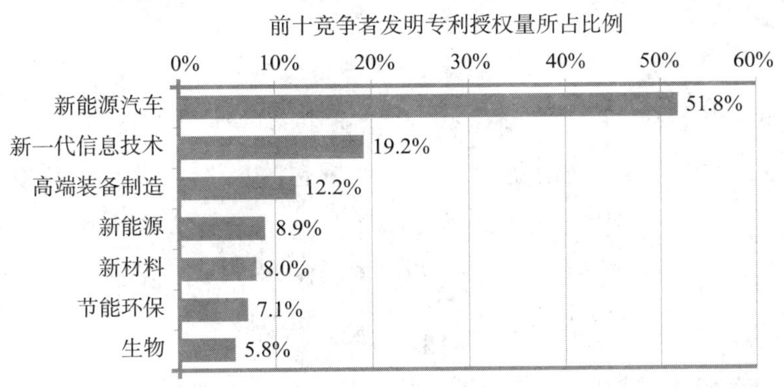

图7-16　2010～2013年七大战略性新兴产业专利技术集中度

数据来源：战略性新兴产业专利检索系统。

九、七大战略性新兴产业主要竞争者技术创新情况

1. 节能环保产业中国石油化工股份有限公司的技术创新优势明显

如表7-20所示，节能环保产业的主要竞争者中，中国石油化工股份有限公司的发明专利授权量高于其他竞争者，达到617件，技术创新能力较强，其次是丰田自动车株式会社543件、浙江大学528件、清华大学463件、哈尔滨工业大学326件、株式会社半导体能源研究所309件、通用汽车环球科技运作公司302件、华南理工大学290件、同济大学288件、中南大学287件。

表7-20　2010～2013年节能环保产业主要竞争者的技术创新情况

节能环保产业竞争者	发明专利授权量/件	发明人总数/人	每发明人平均发明专利授权量/（件/人）	每授权发明专利平均发明人数/（人次/件）
中国石油化工股份有限公司	617	1 107	0.56	5.21
丰田自动车株式会社	543	705	0.77	2.62
浙江大学	528	1 282	0.41	5.25
清华大学	463	1 046	0.44	4.3
哈尔滨工业大学	326	789	0.41	4.63
株式会社半导体能源研究所	309	174	1.78	2.86
通用汽车环球科技运作公司	302	438	0.69	2.94
华南理工大学	290	709	0.41	3.82
同济大学	288	659	0.44	4.57
中南大学	287	659	0.44	5.92

数据来源：战略性新兴产业专利检索系统。

节能环保产业的主要竞争者中，浙江大学、中国石油化工股份有限公司、清华大学的发明人总数远高于其他竞争者，分别达到1 282人、1 107人、1 046人，三家竞争者拥有授权发明专利的科研人员规模较大，创新实力较强；其次是哈尔滨工业大学789人、华南理工大学709人、丰田自动车株式会社705人、同济大学659人、中南大学659人、通用汽车环球科技运作公司438人、株式会社半导体能源研究所174人。

节能环保产业的主要竞争者中，株式会社半导体能源研究所的每发明人平均发明专利授权量达到了1.78件/人，远远高于其他竞争者，该研究机构的平均有效创新效率高；其次是丰田自动车株式会社0.77件/人、通用汽车环球科技运作公司0.69件/人、中国石油化工股份有限公司0.56件/人、清华大学0.44件/人、同济大学0.44件/人、中南大学0.44件/人、浙江大学0.41件/人、哈尔滨工业大学0.41件/人、华南理工大学0.41件/人。在节能环保产业，十强竞争者中外国竞争者的平均有效创新效率较高，中国高校竞争者的平均有效创新效率较低。

节能环保产业的主要竞争者中，中南大学的每授权发明专利平均发明人数高于其他竞争者，达到了5.92人次/件，每授权发明专利投入的科研人员数量较多，授权发明专利的研究密集程度高；其次是浙江大学5.25人次/件、中国石油化工股份有限公司5.21人次/件、哈尔滨工业大学4.63人次/件、同济大学4.57人次/件、清华大学4.3人次/件、华南理工大学3.82人次/件、通用汽车环球科技运作公司2.94人次/件、株式会社半导体能源研究所2.86人次/件、丰田自动车株式会社2.62人次/件。在节能环保产业，中国竞争者每授权发明专利投入的科研人员数量较多，授权发明专利的研究密集程度较高，而外国竞争者每授权发明专利投入的科研人员数量较少，授权发明专利的研究密集程度较低。

综合发明专利授权量、发明人总数、每发明人平均发明专利授权量、每件授权发明专利平均发明人数的排名情况，在节能环保产业，中国石油化工股份有限公司的技术创新优势明显。

2. 新一代信息技术产业华为技术有限公司和中兴通讯股份有限公司的技术创新优势显著

如表7-21所示，新一代信息技术产业的主要竞争者中，中兴通讯股份有限公司和华为技术有限公司的发明专利授权量分别达到2 570件、2 380件，远远高于其他竞争者，两家公司在新一代信息技术产业的技术创新能力很强；其次是松下电器产业株式会社1 108件、三星电子株式会社1 049件、中芯国际集成电路制造（上海）有限公司1 008件、索尼株式会社936件、国际商业机器公司675件、LG电子株式会社549件、清华大学536件、东京毅力科创株式会社514件。

表7-21　2010～2013年新一代信息技术产业主要竞争者的技术创新情况

新一代信息技术产业竞争者	发明专利授权量/件	发明人总数/人	每发明人平均发明专利授权量/（件/人）	每授权发明专利平均发明人数/（人次/件）
中兴通讯股份有限公司	2 570	2 688	0.96	2.19
华为技术有限公司	2 380	2 701	0.88	2.58
松下电器产业株式会社	1 108	1 502	0.74	3.19

续表

新一代信息技术产业竞争者	发明专利授权量/件	发明人总数/人	每发明人平均发明专利授权量/（件/人）	每授权发明专利平均发明人数/（人次/件）
三星电子株式会社	1 049	1 969	0.53	3.16
中芯国际集成电路制造（上海）有限公司	1 008	925	1.09	2.39
索尼株式会社	936	1 470	0.64	2.65
国际商业机器公司	675	2 014	0.34	3.6
LG电子株式会社	549	664	0.83	2.65
清华大学	536	938	0.57	3.81
东京毅力科创株式会社	514	742	0.69	2.89

数据来源：战略性新兴产业专利检索系统。

新一代信息技术产业的主要竞争者中，华为技术有限公司和中兴通讯股份有限公司的发明人总数分别达到2 701人和2 688人，远远高于其他竞争者，说明华为技术有限公司和中兴通讯股份有限公司拥有授权发明专利的科研人员规模较大，创新实力较强；其次是国际商业机器公司2 014人、三星电子株式会社1 969人、松下电器产业株式会社1 502人、索尼株式会社1 470人、清华大学938人、中芯国际集成电路制造（上海）有限公司925人、东京毅力科创株式会社742人、LG电子株式会社664人。

新一代信息技术产业的主要竞争者中，中芯国际集成电路制造（上海）有限公司的每发明人平均发明专利授权量最高，达到1.09件/人，平均有效创新效率高；其次是中兴通讯股份有限公司0.96件/人、华为技术有限公司0.88件/人、LG电子株式会社0.83件/人、松下电器产业株式会社0.74件/人、东京毅力科创株式会社0.69件/人、索尼株式会社0.64件/人、清华大学0.57件/人、三星电子株式会社0.53件/人、国际商业机器公司0.34件/人。

新一代信息技术产业的主要竞争者中，清华大学的每授权发明专利平均发明人数最高，达到3.81人次/件，每授权发明专利投入的科研人员数量较多，授权发明专利的研究密集程度较高；其次是国际商业机器公司3.6人次/件、松下电器产业株式会社3.19人次/件、三星电子株式会社3.16人次/件、东京毅力科创株式会社2.89人次/件、LG电子株式会社2.65人次/件、索尼株式会社2.65人次/件、华为技术有限公司2.58人次/件、中芯国际集成电路制造（上海）有限公司2.39人次/件、中兴通讯股份有限公司2.19人次/件。在新一代信息技术产业，十强竞争者中中国高校竞争者和外国竞争者每授权发明专利投入的科研人员数量较多，授权发明专利的研究密集程度较高。

综合发明专利授权量、发明人总数、每发明人平均发明专利授权量、每授权发明专利平均发明人数的排名情况，在新一代信息技术产业，华为技术有限公司和中兴通讯股份有限公司的技术创新优势显著。

3. 生物产业浙江大学和江南大学的技术创新优势明显

如表7-22所示，生物产业的主要竞争者中，十强竞争者由5个中国高校竞争者和5个外国竞争者占据；浙江大学的发明专利授权量达到718件，远远高于其他竞争者，技术创新能力较强；其次是江南大学491件、伊西康内外科公司402件、株式会社东芝399件、奥林巴斯医疗株式会社393件、华南理工大学379件、东芝医疗系统株式会社376件、中国农业大学369件、上海交通大学324件、皇家飞利浦电子股份有限公司306件。

表7-22 2010～2013年生物产业主要竞争者的技术创新情况

生物产业竞争者	发明专利权量/件	发明人总数/人	每发明人平均发明专利授权量/（件/人）	每授权发明专利平均发明人数/（人次/件）
浙江大学	718	1527	0.47	4.15
江南大学	491	816	0.6	4.48
伊西康内外科公司	402	470	0.86	3.53
株式会社东芝	399	379	1.05	2.36
奥林巴斯医疗株式会社	393	341	1.15	2.61
华南理工大学	379	695	0.55	3.77
东芝医疗系统株式会社	376	347	1.08	2.32
中国农业大学	369	889	0.42	5.05
上海交通大学	324	804	0.4	4.07
皇家飞利浦电子股份有限公司	306	618	0.5	2.97

数据来源：战略性新兴产业专利检索系统。

生物产业的主要竞争者中，浙江大学的发明人总数达到1 527人，远远高于其他竞争者，浙江大学拥有授权发明专利的科研人员规模较大，创新实力较强；其次是中国农业大学889人、江南大学816人、上海交通大学804人、华南理工大学695人、皇家飞利浦电子股份有限公司618人、伊西康内外科公司470人、株式会社东芝379人、东芝医疗系统株式会社347人、奥林巴斯医疗株式会社341人。在生物产业，十强竞争者中高校竞争者拥有授权发明专利的科研人员规模较大，外国竞争者拥有授权发明专利的科研人员规模相对较小。

生物产业的主要竞争者中，奥林巴斯医疗株式会社、东芝医疗系统株式会社、株式会社东芝的每发明人平均发明专利授权量均超过1件/人，分别为1.15件/人、1.08件/人、1.05件/人，三家外国竞争者的平均有效创新效率较高；其次是伊西康内外科公司0.86件/人、江南大学0.6件/人、华南理工大学0.55件/人、皇家飞利浦电子股份有限公司0.5件/人、浙江大学0.47件/人、中国农业大学0.42件/人、上海交通大学0.4件/人。在生物产业，十强竞争者中外国竞争者的平均有效创新效率较高，高校竞争者的平均有效创新效率较低。

生物产业的主要竞争者中，中国农业大学的每授权发明专利平均发明人数最高，达到5.05人次/件，每授权发明专利投入的科研人员数量较多，授权发明专利的研究密集程度较高；其次是江南大学4.48人次/件、浙江大学4.15人次/件、上海交通大学4.07人次/件、华南理工大学3.77人次/件、伊西康内外科公司3.53人次/件、皇家飞利浦电子股份有限公司2.97人次/件、奥林巴斯医疗株式会社2.61人次/件、株式会社东芝2.36人次/件、东芝医疗系统株式会社2.32人次/件。在生物产业，十强竞争者中高校竞争者每授权发明专利投入的科研人员数量较多，授权发明专利的研究密集程度较高，外国竞争者每授权发明专利投入的科研人员数量较少，授权发明专利的研究密集程度较低。

综合发明专利授权量、发明人总数、每发明人平均发明专利授权量、每授权发明专利平均发明人数的排名情况，在生物产业，浙江大学和江南大学的技术创新优势明显。

4. 高端装备制造产业北京航空航天大学和哈尔滨工业大学的技术创新优势明显

如表7-23所示，高端装备制造产业的主要竞争者中，十强竞争者由6个中国高校竞争者、1个中国企业竞争者、1个中国科研机构竞争者和2个外国竞争者占据；北京航空航天大学的发明专利授权量达到384件，远高于其他竞争者，技术创新能力较强；其次是哈尔滨工业大学179件、清华大学143件、空中客车德国有限公司134件、浙江大学125件、上海交通大学118件、中国石油化工股份有限公司111件、中国石油化工股份有限公司上海石油化工研究院96件、南京航空航天大学94件、精工爱普生株式会社78件。

表7-23　2010～2013年高端装备制造产业主要竞争者的技术创新情况

高端装备制造产业竞争者	发明专利授权量/件	发明人总数/人	每发明人平均发明专利授权量/（件/人）	每授权发明专利平均发明人数/（人次/件）
北京航空航天大学	384	806	0.48	4.29
哈尔滨工业大学	179	501	0.36	4.65
清华大学	143	346	0.41	4.76
空中客车德国有限公司	134	273	0.49	2.51
浙江大学	125	396	0.32	4.53
上海交通大学	118	357	0.33	4.33
中国石油化工股份有限公司	111	163	0.68	4.32
中国石油化工股份有限公司上海石油化工研究院	96	61	1.57	3.79
南京航空航天大学	94	315	0.3	5.27
精工爱普生株式会社	78	104	0.75	2.53

数据来源：战略性新兴产业专利检索系统。

高端装备制造产业的主要竞争者中，北京航空航天大学的发明人总数达到806人，远高于其他竞争者，北京航空航天大学拥有授权发明专利的科研人员规模较大，创新实力较强；其次是哈尔滨工业大学501人、浙江大学396人、上海交通大学357人、清华大学346人、南京航空航天大学315人、空中客车德国有限公司273人、中国石油化工股份有限公司163人、精工爱普生株式会社104人、中国石油化工股份有限公司上海石油化工研究院61人。在高端装备制造产业，十强竞争者中高校竞争者拥有授权发明专利的科研人员规模较大。

高端装备制造产业的主要竞争者中，中国石油化工股份有限公司上海石油化工研究院的每发明人平均发明专利授权量达到1.57件/人，远高于其他竞争者，平均有效创新效率较高；其次是精工爱普生株式会社0.75件/人、中国石油化工股份有限公司0.68件/人、空中客车德国有限公司0.49件/人、北京航空航天大学0.48件/人、清华大学0.41件/人、哈尔滨工业大学0.36件/人、上海交通大学0.33件/人、浙江大学0.32件/人、南京航空航天大学0.3件/人。在高端装备制造产业，十强竞争者中外国竞争者的平均有效创新效率较高，高校竞争者的平均有效创新效率较低。

高端装备制造产业的主要竞争者中，南京航空航天大学的每授权发明专利平均发明人数最高，达到5.27人次/件，每授权发明专利投入的科研人员数量较多，授权发明专利的研究密集程度高；其次是清华大学4.76人次/件、哈尔滨工业大学4.65人次/件、浙江大学4.53人次/件、上海交通大学4.33人次/件、中国石油化工股份有限公司4.32人次/件、北京航空航天大学4.29人次/件、中国石油化工股份有限公司上海石油化工研究院3.79人次/件、精工爱普生株式会社2.53人次/件、空中客车德国有限公司2.51人次/件。在高端装备制造产业，十强竞争者中高校竞争者每授权发明专利投入的科研人员数量较多，授权发明专利的研究密集程度较高，外国竞争者每授权发明专利投入的科研人员数量较少，授权发明专利的研究密集程度较低。

综合发明专利授权量、发明人总数、每发明人平均发明专利授权量、每授权发明专利平均发明人数的排名情况，在高端装备制造产业，北京航空航天大学和哈尔滨工业大学的技术创新优势明显。

5. 新能源产业清华大学的技术创新优势明显

如表7-24所示，新能源产业的主要竞争者中，个人竞争者占据十强竞争者的一个席位；清华大学的发明专利授权量达到189件，高于其他竞争者，技术创新能力较强；其次是通用电气公司166件、浙江大学136件、徐宝安105件、中国广东核电集团有限公司100件、北京印刷学院88件、东南大学81件、维斯塔斯风力系统有限公司81件、北京环能海臣科技有限公司79件、哈尔滨工业大学76件。

表7-24　2010～2013年新能源产业主要竞争者的技术创新情况

新能源产业竞争者	发明专利授权量/件	发明人总数/人	每发明人平均发明专利授权量/（件/人）	每授权发明专利平均发明人数/（人次/件）
清华大学	189	376	0.5	4.42
通用电气公司	166	351	0.47	2.9
浙江大学	136	322	0.42	4.46
徐宝安	105	2	52.5	1.01

续表

新能源产业竞争者	发明专利授权量/件	发明人总数/人	每发明人平均发明专利授权量/（件/人）	每授权发明专利平均发明人数/（人次/件）
中国广东核电集团有限公司	100	293	0.34	5.5
北京印刷学院	88	6	14.67	1.08
东南大学	81	185	0.44	3.99
维斯塔斯风力系统有限公司	81	93	0.87	1.91
北京环能海臣科技有限公司	79	1	79	1
哈尔滨工业大学	76	252	0.3	4.67

数据来源：战略性新兴产业专利检索系统。

新能源产业的主要竞争者中，清华大学的发明人总数达到376人，高于其他竞争者，清华大学拥有授权发明专利的科研人员规模较大，创新实力较强；其次是通用电气公司351人、浙江大学322人、中国广东核电集团有限公司293人、哈尔滨工业大学252人、东南大学185人、维斯塔斯风力系统有限公司93人、北京印刷学院6人、徐宝安2人、北京环能海臣科技有限公司1人。在新能源产业，北京印刷学院、北京环能海臣科技有限公司拥有授权发明专利的科研人员规模很小。

新能源产业的主要竞争者中，北京环能海臣科技有限公司、徐宝安的每发明人平均发明专利授权量分别达到79件/人、52.5件/人，远远高于其他竞争者，两个竞争者平均有效创新效率较高；其次是北京印刷学院14.67件/人、维斯塔斯风力系统有限公司0.87件/人、清华大学0.5件/人、通用电气公司0.47件/人、东南大学0.44件/人、浙江大学0.42件/人、中国广东核电集团有限公司0.34件/人、哈尔滨工业大学0.3件/人。

新能源产业的主要竞争者中，中国广东核电集团有限公司的每授权发明专利平均发明人数最高，达到5.5人次/件，每授权发明专利投入的科研人员数量较多，授权发明专利的研究密集程度较高；其次是哈尔滨工业大学4.67人次/件、浙江大学4.46人次/件、清华大学4.42人次/件、东南大学3.99人次/件、通用电气公司2.9人次/件、维斯塔斯风力系统有限公司1.91人次/件、北京印刷学院1.08人次/件、徐宝安1.01人次/件、北京环能海臣科技有限公司1人次/件。

综合发明专利授权量、发明人总数、每发明人平均发明专利授权量、每授权发明专利平均发明人数的排名情况，在新能源产业，清华大学的技术创新优势明显。

6. 新材料产业前十竞争者全部被中国竞争者占据，中国石油化工股份有限公司的技术创新优势显著

如表7-25所示，新材料产业的主要竞争者中，前十竞争者全部被中国竞争者占据，包括6个高校竞争者、3个企业竞争者和1个科研机构竞争者；中国石油化工股份有限公司的发明专利授权量达到730件，远高于其他竞争者，技术创新能力较强；其次是清华大学372件、浙江大学353

件、中国石油化工股份有限公司上海石油化工研究院313件、北京化工大学258件、东华大学257件、比亚迪股份有限公司232件、华南理工大学231件、哈尔滨工业大学222件、鸿富锦精密工业（深圳）有限公司208件。

表7-25　2010～2013年新材料产业主要竞争者的技术创新情况

新材料产业竞争者	发明专利授权量/件	发明人总数/人	每发明人平均发明专利授权量/（件/人）	每授权发明专利平均发明人数/（人次/件）
中国石油化工股份有限公司	730	1 104	0.66	5.52
清华大学	372	580	0.64	4.12
浙江大学	353	743	0.48	4.55
中国石油化工股份有限公司上海石油化工研究院	313	211	1.48	4.02
北京化工大学	258	645	0.4	4.35
东华大学	257	524	0.49	4.31
比亚迪股份有限公司	232	226	1.03	2.61
华南理工大学	231	523	0.44	4.15
哈尔滨工业大学	222	536	0.41	4.66
鸿富锦精密工业（深圳）有限公司	208	105	1.98	3.42

数据来源：战略性新兴产业专利检索系统。

新材料产业的主要竞争者中，中国石油化工股份有限公司的发明人总数达到1 104人，远高于其他竞争者，中国石油化工股份有限公司拥有授权发明专利的科研人员规模较大，创新实力较强；其次是浙江大学743人、北京化工大学645人、清华大学580人、哈尔滨工业大学536人、东华大学524人、华南理工大学523人、比亚迪股份有限公司226人、中国石油化工股份有限公司上海石油化工研究院211人、鸿富锦精密工业（深圳）有限公司105人。

新材料产业的主要竞争者中，鸿富锦精密工业（深圳）有限公司的每发明人平均发明专利授权量达到1.98件/人，高于其他竞争者，平均有效创新效率较高；其次是中国石油化工股份有限公司上海石油化工研究院1.48件/人、比亚迪股份有限公司1.03件/人、中国石油化工股份有限公司0.66件/人、清华大学0.64件/人、东华大学0.49件/人、浙江大学0.48件/人、华南理工大学0.44件/人、哈尔滨工业大学0.41件/人、北京化工大学0.4件/人。在新材料产业，十强竞争者中高校竞争者的平均有效创新效率较低。

新材料产业的主要竞争者中，中国石油化工股份有限公司的每授权发明专利平均发明人数最高，达到5.52人次/件，每授权发明专利投入的科研人员数量较多，授权发明专利的研究密集程度较高；其次是哈尔滨工业大学4.66人次/件、浙江大学4.55人次/件、北京化工大学4.35人次/件、东华大学4.31人次/件、华南理工大学4.15人次/件、清华大学4.12人次/件、中国石油化工股份有限公司上海石油化工研究院4.02人次/件、鸿富锦精密工业（深圳）有限公司3.42人次/件、比亚迪股份有限公司2.61人次/件。在新材料产业，除中国石油化工股份有限公司外，十强竞争者的高校竞争者每授权发明专利投入的科研人员数量也较多，授权发明专利的研究密集程度也较高。

综合发明专利授权量、发明人总数、每发明人平均发明专利授权量、每授权发明专利平均发明人数的排名情况，在新材料产业，中国石油化工股份有限公司的技术创新优势显著。

7. 新能源汽车产业丰田自动车株式会社的技术创新优势明显

如表7-26所示，新能源汽车产业的主要竞争者中，丰田自动车株式会社的发明专利授权量达到664件，远高于其他竞争者，技术创新能力较强；其次是通用汽车环球科技运作公司226件、奇瑞汽车股份有限公司96件、日产自动车株式会社54件、比亚迪股份有限公司52件、本田技研工业株式会社40件、爱信艾达株式会社39件、清华大学38件、通用汽车公司38件、现代自动车株式会社38件。

表7-26 2010～2013年新能源汽车产业主要竞争者的技术创新情况

新能源汽车产业竞争者	发明专利授权量/件	发明人总数/人	每发明人平均发明专利授权量/（件/人）	每授权发明专利平均发明人数/（人次/件）
丰田自动车株式会社	664	716	0.93	2.52
通用汽车环球科技运作公司	226	419	0.54	3.26
奇瑞汽车股份有限公司	96	102	0.94	2.04
日产自动车株式会社	54	110	0.49	3.07
比亚迪股份有限公司	52	95	0.55	3.69
本田技研工业株式会社	40	101	0.4	3.58
爱信艾达株式会社	39	78	0.5	3.77
清华大学	38	96	0.4	5.18
通用汽车公司	38	76	0.5	2.82
现代自动车株式会社	38	79	0.48	3.08

数据来源：战略性新兴产业专利检索系统。

新能源汽车产业的主要竞争者中，丰田自动车株式会社的发明人总数达到716人，远高于其他竞争者，丰田自动车株式会社拥有授权发明专利的科研人员规模较大，创新实力较强；其次是通用汽车环球科技运作公司419人、日产自动车株式会社110人、奇瑞汽车股份有限公司102人、本田技研工业株式会社101人、清华大学96人、比亚迪股份有限公司95人、现代自动车株式会社79人、爱信艾达株式会社78人、通用汽车公司76人。

新能源汽车产业的主要竞争者中，奇瑞汽车股份有限公司和丰田自动车株式会社的每发明人平均发明专利授权量分别达到0.94件/人、0.93件/人，高于其他竞争者，平均有效创新效率较高；其次是比亚迪股份有限公司0.55件/人、通用汽车环球科技运作公司0.54件/人、爱信艾达株式会社0.5件/人、通用汽车公司0.5件/人、日产自动车株式会社0.49件/人、现代自动车株式会社0.48件/人、本田技研工业株式会社0.4件/人、清华大学0.4件/人。

新能源汽车产业的主要竞争者中，清华大学的每授权发明专利平均发明人数最高，达到5.18人次/件，每授权发明专利投入的科研人员数量较多，授权发明专利的研究密集程度较高；其次是爱信艾达株式会社3.77人次/件、比亚迪股份有限公司3.69人次/件、本田技研工业株式会社3.58人次/件、通用汽车环球科技运作公司3.26人次/件、现代自动车株式会社3.08人次/件、日产自动车株式会社3.07人次/件、通用汽车公司2.82人次/件、丰田自动车株式会社2.52人次/件、奇瑞汽车股份有限公司2.04人次/件。

综合发明专利授权量、发明人总数、每发明人平均发明专利授权量、每授权发明专利平均发明人数的排名情况，在新能源汽车产业，丰田自动车株式会社的技术创新优势明显。

第四节　本章小结

1. 中国企业和高校在国内技术创新活动具有重要地位，日本企业为我国主要竞争对手；中国部分企业和高校合作申请占比较高，且合作申请主体主要为企业。

2. 中国竞争者中，华为技术有限公司的技术创新优势明显。

3. 企业竞争者技术领域及产业分布均相对集中，高校竞争者技术领域及产业分布均范围广。

4. WIPO35技术领域中，多名竞争者分别同时位列多个技术领域的授权量前十强；中国竞争者优势明显，日本竞争者实力雄厚；企业竞争者优势明显，高校竞争者显示出较高的技术创新能力。

5. WIPO35一级技术领域中，电气工程领域技术集中度较高，化学领域技术集中度较低。

6. WIPO35优势领域中，电机/电气装置/电能领域松下电器产业株式会社的技术创新优势明显；计算机技术领域微软公司和国际商业机器公司的技术创新优势明显；测量领域前十竞争者全部被中国竞争者占据，高校竞争者的技术创新优势明显；数字通信领域、电信领域华为技术有限公司和中兴通讯股份有限公司的技术创新优势显著。

7. 七大战略性新兴产业中，多名高校竞争者分别同时位列多个产业的授权量前十强；中国竞争者优势明显，日本竞争者实力不容小觑；高校竞争者具有很强的创新优势。

8. 七大战略性新兴产业中，新能源汽车产业授权发明专利技术集中度较高，生物产业授权发明技术集中度较低。

9. 七大战略性新兴产业中，节能环保产业中国石油化工股份有限公司的技术创新优势明显；新一代信息技术产业华为技术有限公司和中兴通讯股份有限公司的技术创新优势显著；生物产业浙江大学和江南大学的技术创新优势明显；高端装备制造产业北京航空航天大学和哈尔滨工业大学的技术创新优势明显；新能源产业清华大学的技术创新优势明显；新材料产业前十竞争者全部被中国竞争者占据，中国石油化工股份有限公司的技术创新优势显著；新能源汽车产业丰田自动车株式会社的技术创新优势明显。

第三篇　结论与建议

本篇对比国内外专利创新活动研究结果，在专利创新方向与趋势、专利创新能力、主要竞争者及产业发展风险等方面得出研究结论，并据此提出我国产业发展规划及专利信息工作的建议。

第八章　研究结论

1. 2006～2013年全球发明专利申请量及授权量均呈现持续增长态势，其中，中国申请人近年来发明专利申请量及授权量持续迅猛增长，以10%以上的年均增长率对全球发明专利申请量及授权量的持续增长态势产生重要贡献。这表明，作为新兴经济体的中国，技术创新活力和创新能力不断加强，且对全球技术创新活动的推动作用日益增强。

2. 中国发明专利授权量仅次于美国、日本，位列世界第三，且在九个WIPO公布的技术领域中，授权发明专利数量居九国之首。中国域外专利布局指数仅为4.8%，中国申请人主要在国内进行专利布局，无法有效为我国企业进军海外市场提供保障。相比而言，德国、英国、法国、瑞士等欧洲国家的域外专利布局指数均达到50%以上，作为发达国家的日本和美国的域外专利布局指数则分别达到了38.1%和21.8%。这在一定程度上反应出中国专利创新质量和海外布局意识还有待进一步提高。

3. 中国专利权人的平均专利集中度较低，每申请人平均拥有的授权发明专利仅为3.48件，在世界主要九国中位列倒数第三。而日本、美国、法国每申请人平均拥有的授权发明专利分别达到15.53件、5.28件、5.05件。这表明中国申请人在参与市场竞争时，很大程度上还需依赖于其他（国家）申请人的专利技术，中国申请人整体创新实力有待加强，对专利技术的自由运用程度尚处于较低水平。

4. 中国授权发明专利的平均研究密集程度最高，但专利质量、专利价值、专利产出效率和效益均较发达国家存在一定差距。中国每授权发明专利平均投入达3.66人次，具有较高的平均研究密集程度，居九国之首。俄罗斯、美国、日本也都拥有较高的平均研究密集程度。每授权发明专利投入的研发人员越多通常表明专利价值越高，但综合考虑中国专利域外布局比例低、市场参与者在全球和中国市场的竞争中表现平平等情况，中国专利并未表现出与高研究密集程度相对应的高质量和高价值。中国较高的平均研究密集程度可能更多得益于国内人力资源丰富且相对人力成本较低的优势。

5. 中国成为仅次于美国的全球主要市场，日本、美国均重视中国市场。统计期内，九个主要专利来源国在全球获得的授权发明专利布局在中国市场的比例均较高，除本国市场之外，仅次于美国市场。例如，日本籍申请人在全球获得的授权专利中有11.12%布局在中国，布局占比仅次于日本本土市场和美国市场；美国籍申请人在全球获得的授权专利中有7.24%布局在中国，布局占比仅次于美国本土市场。从中国市场看，日本和美国在中国均占有较高的授权专利份额，两国份额之和占到了整个中国市场授权专利的1/3，其中，日本约占22%、美国约占12%，表明了日本、美国对中国市场较高的关注程度。

6. 在中、美、日、韩四国的专利技术流动中，日本处于高位势，是最大的技术输出国，中国则处于低位势，是最大的技术输入国。统计期内，中国籍申请人分别在日本市场、美国市场、韩国市场获得的发明授权专利均远低于日本籍申请人、美国籍申请人、韩国籍申请人分别在中国国内获得的发明授权专利，与美、日、韩三国相比，中国处于低位势，是最大的专利技术输入国。与之相反，日本则在专利技术流动方面处于高位势，是最大的专利技术输出国。

7. 中国高校申请人拥有较多授权发明专利，但其专利转化和运用能力较弱。从全球市场和中国市场的发明专利授权量来看，中国的高校申请人在技术创新活动中具有重要地位，拥有较多的授权发明专利，与其他国家的企业为主要创新主体的状况形成差异。尤其是在国内市场，各领域授权量排前十的申请人多为中国高校，中国企业并未表现出明显优势，由于高校申请人专利转化和运用能力较弱，侧面体现了中国专利更多地表现为数量优势。

8. 中国的技术专业化优势主要集中在化学领域，领域间优势不平衡。WIPO公布的35个技术领域中，中国相对专业化指数较高的10个技术领域均属于化学领域。相比而言，美国的技术专业化优势领域分布在电气工程、仪器、化学领域。日本的技术专业化优势领域则更广泛地分布在电气工程、仪器、机械工程、化学领域，表现出很强的综合创新实力。

9. 在中国市场中，日本在七大战略性新兴产业的新能源汽车产业进行了密集的专利布局。七大战略性新兴产业中，我国在国内的授权发明专利份额均较高，大部分占据绝对优势。但在新能源汽车产业中，日本在中国国内进行了较密集的专利布局，日本获得授权的发明专利所占份额几乎与我国持平，我国并未在国内体现出明显优势，这对我国该产业的发展构成一定威胁。

10. 中国区域创新能力存在差异，北京、江苏、广东等经济发达地区技术创新优势明显。国内31个省区市在WIPO公布的35个技术领域、我国的七大战略性新兴产业的发明专利申请量及授权量、每申请人平均发明专利授权量、每授权发明专利平均发明人数等指标均差异较大。整体上看，北京、江苏、广东等传统经济发达地区均表现出明显的技术创新优势，尤其是北京在战略性新兴产业发展中表现优异，在七个产业的六个产业中授权量排名第一。

11. 全球十强企业竞争者全部来自国外，其中日本占7席（松下、丰田汽车、本田汽车、富士胶片、佳能、索尼、电装株式会社）、美国占2席（通用电气、国际商业机器公司）、韩国占1席（三星电子），日本竞争者实力强劲。WIPO公布的35个技术领域中有21个领域的全球主要竞争者全部为企业，仅有12个领域涉及高校、科研机构。在中国国内十强竞争者中，中国占7席（华为、中兴、浙大、清华、鸿海、鸿富锦、中石化）、日本占2席、韩国占1席。国内技术创新活动中企业和高校均居于重要地位。

12. 从技术领域角度看，计算机技术、电机/电气装置/电能领域为全球及中国国内近年来专利申请活动最活跃的两大技术领域，测量领域的专利申请量增长趋势显著。

13. 从战略性新兴产业角度看，生物产业、节能环保、新一代信息技术产业是国内专利申请活动最活跃的技术领域。新能源、新能源汽车、节能环保产业将可能引领国内未来产业技术创新方向及趋势。授权发明专利技术集中度以新能源汽车产业最高，生物产业最低。

第九章 对我国产业发展及专利信息工作的建议

第一节 对我国产业发展的建议

结合上述技术创新活力、技术创新优势、相对专业化程度、专利布局及竞争者分析等多角度研究结论，本报告对我国产业发展提出如下建议。

第一，提升我国技术创新质量，扭转我国专利域外布局不足和专利技术流动呈逆差的局面。一方面，要重点引导、培育、支持创新主体的创新活动，提升创新质量，提前在国内进行有价值、高水平的专利布局，降低美、日、韩等主要专利申请国在中国市场的有效专利布局（即专利授权率）；另一方面，鼓励、支持创新主体合理进行域外布局，尤其是在美、欧、日、韩等主要海外市场以及产品目标市场的专利布局，为海外市场开拓保驾护航。

第二，加强政策扶持和引导，重点推进战略性新兴产业及化学等我国优势技术领域的技术创新工作，加强专利产业布局。针对地区差异，有侧重地培植和发挥各地区产业优势，支持各省区市结合地区优势产业、特色产业有针对性地进行专利布局，促进西部开发、东北振兴、中部崛起、东部率先以及长江经济带、京津冀协同发展等区域战略的实现。重点扶持对社会经济效益、改善生态环境、节能减排、改善人民生活及健康状况的相关产业或技术优先发展，引导市场资源有方向地进行合理配置。

第三，针对我国高校申请人拥有大量授权发明专利但其专利转化运用能力较弱这一现状，建议加强产、学、研一体化的专利运营探索和实践，支持创新主体积极参与专利运营和专利产业化工作。在对高校、科研院所等创新主体进行技术创新活动监测的同时，从政策上侧重对鼓励提高专利质量、提升专利产出综合效益的引导和扶持，促进企业、高校、科研院所之间的协作和资源共享。

第四，加强新能源汽车等战略性新兴产业的创新指标监测，密切关注世界主要专利申请国在战略性新兴产业的国际国内专利布局，建立战略性新兴产业专利预警机制，保障我国战略性新兴产业发展的专利安全。需重点关注产业创新指标，研究科学、合理、客观、全面的产业技术创新监测指标和统计方法。建立有效可行的综合指标和评估考察机制，全方位考核技术创新的投入、产出效果以及其给经济、社会、环境、资源等多方面带来的影响，全面衡量产业技术创新效益。引导产业趋向合理、科学、可持续创新的良性循环发展。

第二节　对我国专利信息工作的建议

在依据WIPO35技术领域及七大战略性新兴产业对全球及国内专利资源进行统计研究过程中，对专利信息资源的全面、准确、便捷获取，特别是高效、恰当地对特定信息进行分类提取、批量输出和汇总呈现，成为完成数百万量级类似大数据统计工作的重要技术基础和研究手段。这既需要专利信息基础资源支撑，又离不开在研究方式、方法上的创新和探索。

随着专利信息资源的快速增加及专利信息内容的不断丰富，在大数据时代背景下，社会公众对“高价值数据”的需求急剧增长。专利信息中所包含的大量“高价值数据”却在多数数据库中收录不全或者难以获取。同时，用户对数据获取途径便捷化需求日益强烈，数据获取理念在社会市场带动下呈现自动化、智能化的趋势。此外，随着全球化进程的加快和影响，各产业、各领域的专利工作更加注重立足本国，放眼全球，而全球与中国专利的专利数据库存在较大差异，对专利统计和分析工作带来较大障碍。这些内外在因素均对当前政府专利信息管理部门和专利信息服务工作提出了有待优化和完善的迫切需求。

仅就专利信息工作，特别是专利信息的传播、利用、研究方法和模式而言，对我国今后的专利信息工作提出如下几点建议：

第一，建设涵盖专利活动全流程的专利信息资源平台。除了专利信息在申请、公开、授权过程中产生的各类信息之外，还应在专利存续期间及失效后的一定时期内及时更新专利的法律状态信息、行政记录信息等，如在复审、无效、专利实施、转让、许可、价值评估、质押融资入股、诉讼等专利活动中产生的信息。建立健全专利产权变更、法律事件等项目的登记、备案制度，并通过专利管理制度进行规范，以尽可能通过专利权人（或当事人）将分散在国家知识产权局、法院、工商等多个部门的专利信息会聚到专利信息管理部门。

第二，完善基础专利信息数据。增加外文专利数据库的检索字段入口，补充中国专利数据库中的法律状态信息，逐步提高中外文数据库中数据资源及检索字段的一致性、规范性；基于现有数据资源建立整合有专利经济、法律、金融活动信息的专利状态信息库；提高专利查询系统等公益性专利信息服务平台的开放性，降低数据库使用门槛和费用，增设数据库高速批量下载功能；统筹各地方专利信息中心的专利数据库建设，提高地方专利区域特点和产业特色，为本地个人及企业用户提供便捷的专利信息服务，同时稳步推进全局网络资源共享，从总体上提高专利信息的综合公共服务水平。

第三，充分发挥行业协会、专利信息传播利用基地和地方信息中心等部门的宣传职能，提高企业专利信息利用水平。针对具有较强创新活力与能力的产业、行业，通过举办讲座、制作科普宣传视听资料等形式多样的活动推广普及专利信息利用知识和技能。重视媒体的宣传引导作用，强化社会公众，特别是企业、技术人员、信息服务人员以及高等院校理工科学生等人员学习、利用专利信息的意识和自觉性。加强与各级科学技术协会的合作，指导各行业协会、学会、研究会定期统计和发布本行业、本产业的专利信息宏观、中观、微观数据，并研究适应本产业的专利统计指标，为行业市场资源配置提供数据支撑和信息服务。

第四，积极为创新主体、创新服务主体提供高质量的专利资源数据库和专利检索分析平台，为“大众创业、万众创新”提供科技研发有效信息支撑。有重点、有计划地推进在专利信息检索、分析、预警、信息挖掘等活动所需智能化集成式服务系统的建设。紧紧围绕市场主体、创新主体实际需求，逐步研究制定专利信息服务规范和管理制度，建立并完善系统化评估标准。引领和规范专利信息服务标准化试点示范工作，促进专利信息服务机构形成良性市场竞争格局。加大政策导向和资金投入力度，扶持高质量第三方知识产权服务机构积极开展专利数据挖掘方式创新，提高基于专利文献数据资源利用的智能化、自动化、批量化、可视化。

第五，充分挖掘和利用专利数据库资源深层信息，为经济社会和科技创新相关工作提供权威、客观、准确的数据支撑。为企业、高校、科研院所等不同层面的创新主体所开展的创新活动提供可靠、可信、可追溯、可动态实时更新的调查、研究依据，根据国家科技主管部门推行的创新统计指标，研究制定相应的专利统计渠道和方法，进一步开发和完善自动化专利统计工具，为国家相关创新调查、创新活动评估评价、创新政策调整等工作提供客观、真实的科学依据。

附录A 术语定义和数据说明

一、术语定义

1. 发明专利申请量

指标定义：报告期内专利行政部门受理且已处于公开状态的发明专利申请数量。

2. 发明PCT申请量

指标定义：报告期内通过《专利合作条约》程序提出国际申请且已处于公开状态的发明专利申请数量。

3. 发明专利授权量

指标定义：报告期内专利行政部门授予发明专利权的数量。

4. 有效发明专利数量

指标定义：已经获得授权并且仍处于有效状态的发明专利数量。

5. 发明人总数

指标定义：一个国家、地区或机构中获得发明授权专利的发明人数量。

6. 每申请人平均发明专利授权量

指标定义：每个申请人平均所拥有的授权发明专利数量。

计算公式：每申请人平均发明专利授权量=授权发明专利数量/授权发明申请人数。

指标含义：一个国家或地区有效竞争者所拥有的平均发明专利授权量，反映一个国家或地区有效竞争者的平均专利集中度。

7. 每发明人平均发明专利授权量

指标定义：每个发明人平均所产出的授权发明专利数量。

计算公式：每发明人平均发明专利授权量=授权发明专利数量/授权发明发明人数。

指标含义：一个国家、地区或机构的每单位有效科技人员投入所产生的发明专利授权数量，反映一个国家、地区或机构的平均有效创新效率。

8. 每授权发明专利平均发明人数

指标定义：每授权发明专利投入的科研人员数量。

计算公式：每授权发明专利平均发明人数=授权发明总发明人次/授权发明专利数量。

指标含义：在一个国家、地区或机构中，授权发明专利投入的科研人员数量越多，授权发明专利的研究密集程度越高，则发明专利的价值可能越高。

9. 相对专业化指数（RSI）

指标定义：某国在某一特定技术领域专利中所占的比例除以该国在所有专利中所占的比例，所得数值取对数。

计算公式：$\mathrm{RSI}=\mathrm{Lg}\left(\dfrac{F_{C,T}/\sum_{C}F_{C,T}}{\sum_{T}F_{C,T}/\sum_{C,T}F_{C,T}}\right)$，其中$F_{C,T}$表示来自国家C的在技术领域T的发明专利授权量。

指标含义：体现一个国家某个技术领域相对于该国整体技术水平所处的地位，该指标大于0的技术领域在本国具有专业化优势，值越高，专业化程度越高。

10. 五局专利布局比例

指标定义：某专利来源国分别在中华人民共和国国家知识产权局、美国专利商标局、日本专利局、韩国专利局、欧洲专利局获得的授权发明数量与该专利来源国所拥有的全球授权发明数量的比值。

计算公式：五局专利布局比例=某专利来源国在某专利局获得的授权发明数量/该专利来源国的全球授权发明数量。

指标含义：体现一个国家分别在中国、美国、日本、韩国、欧洲的专利布局能力。

11. 域外专利布局指数

指标定义：某专利来源国在本国以外的专利受理机构获得的授权发明数量与该专利来源国所拥有的全球授权发明数量的比值。

计算公式：域外专利布局指数=某专利来源国在本国以外的专利受理机构获得的授权发明数量/该专利来源国的全球授权发明数量。

指标含义：体现一个国家在本国之外进行专利布局的能力。

二、数据说明

本报告的数据，除在正文中有特殊标注的，均适用于以下说明。

1. 数据来源

全球专利数据来源①：

欧洲专利局EPOQUE系统的EPODOC数据库（欧洲专利局题录和摘要数据库）、WPI数据库（德温特世界专利索引数据库）。

中国专利数据来源②：

中国国家知识产权局S系统（专利检索与服务系统)的CNABS数据库(中国专利文摘数据库）。

中国国家知识产权局的CPRS数据库(中国专利检索系统)。

2. 检索截止日期

全球专利数据：2014年6月30日。

中国专利数据：2014年6月30日。

---

① 世界各国家和地区专利局受理并授权的发明专利。

② 中国国家知识产权局受理并授权的发明专利。

附录B 数据列表

WIPO35涵盖了所有的专利技术领域，共分为电气工程、仪器、化学、机械工程和其他领域五个部分，每个部分分别包括若干个技术领域。

表B-1 WIPO35技术领域列表

一级技术领域	二级技术领域
I电气工程	1. 电机/电气装置/电能
	2. 音像技术
	3. 电信
	4. 数字通信
	5. 基础通信程序
	6. 计算机技术
	7. 信息技术管理办法
	8. 半导体
II仪器	9. 光学
	10. 测量
	11. 生物材料分析
	12. 控制
III化学	13. 医学技术
	14. 有机精细化学
	15. 生物技术
	16. 药品
	17. 高分子化学/聚合物
	18. 食品化学
	19. 基础材料化学
	20. 材料/冶金
	21. 表面加工技术/涂层
	22. 微观结构和纳米技术
	23. 化学工程
	24. 环境技术

续表

一级技术领域	二级技术领域
IV机械工程	25. 装卸
	26. 机床
	27. 发动机/泵/涡轮机
	28. 纺织和造纸器械
	29. 其他专用机械
	30. 热工过程和设备
	31. 机械元件
	32. 运输
V其他领域	33. 家具游戏
	34. 其他消费品
	35. 土木工程

表B-2　2006～2013年全球发明专利申请WIPO35技术领域分布

一级技术领域	二级技术领域	发明专利申请量/件
I电气工程	电机/电气装置/电能	1 096 989
	音像技术	682 312
	电信	719 780
	数字通信	674 077
	基础通信程序	151 159
	计算机技术	1 166 065
	信息技术管理办法	235 674
	半导体	745 198
II仪器	光学	657 130
	测量	720 488
	生物材料分析	143 533
	控制	317 335
III化学	医学技术	675 150
	有机精细化学	365 230
	生物技术	282 633
	药品	726 925
	高分子化学/聚合物	352 117
	食品化学	244 106
	基础材料化学	505 116

续表

一级技术领域	二级技术领域	发明专利申请量/件
III化学	材料/冶金	389 837
	表面加工技术/涂层	391 236
	微观结构和纳米技术	50 453
	化学工程	419 496
	环境技术	271 647
IV机械工程	装卸	414 734
	机床	410 493
	发动机/泵/涡轮机	426 577
	纺织和造纸器械	319 127
	其他专用机械	513 346
	热工过程和设备	264 594
	机械元件	462 036
	运输	641 854
V其他领域	家具游戏	378 071
	其他消费品	307 811
	土木工程	481 602

数据来源：EPODOC。

表B-3 2010～2013年主要专利来源国WIPO35技术领域每申请人平均发明专利授权量

/（件/个）

WIPO35技术领域		日本	美国	中国	韩国	德国	法国	俄罗斯	英国	瑞士
I电气工程	电机/电气装置/电能	13.65	3.79	2.53	3.22	3.94	4.82	2.11	2.38	1.75
	音像技术	17.21	4.82	4.13	3.47	2.75	2.49	1.51	1.86	1.29
	电信	20.07	6.35	4.16	3.90	2.88	4.24	2.13	3.05	1.15
	数字通信	19.55	8.30	4.15	5.02	3.28	4.07	1.82	4.49	1.37
	基础通信程序	13.47	6.71	2.46	6.12	3.29	4.06	1.88	2.76	1.00
	计算机技术	19.14	6.79	4.49	4.38	3.41	4.07	2.13	2.32	1.38
	信息技术管理办法	4.23	2.83	1.47	1.60	1.70	1.45	0.46	1.22	1.00
	半导体	18.47	9.06	4.47	6.82	4.90	5.39	1.99	2.65	1.37
II仪器	光学	23.72	5.05	4.11	4.66	3.31	3.66	1.92	1.97	1.65
	测量	8.45	3.60	3.05	3.21	3.64	4.42	2.58	2.17	2.24
	生物材料分析	2.37	2.37	1.71	2.70	1.60	1.76	0.96	1.32	1.72
	控制	7.53	2.66	1.81	1.76	2.76	2.29	0.90	1.35	1.30

续表

WIPO35技术领域		日本	美国	中国	韩国	德国	法国	俄罗斯	英国	瑞士
Ⅲ化学	医学技术	5.58	3.39	1.83	2.06	2.90	2.17	2.21	1.97	1.94
	有机精细化学	5.24	3.36	2.22	2.50	3.72	6.27	1.23	2.58	2.02
	生物技术	2.53	3.43	2.92	2.52	1.65	2.15	0.86	1.60	1.39
	药品	3.71	3.65	2.17	2.68	2.85	4.19	2.11	2.88	1.52
	高分子化学/聚合物	8.67	3.83	2.42	2.65	4.53	4.41	0.83	1.87	1.87
	食品化学	2.36	3.80	1.97	1.39	1.65	1.60	9.84	1.91	1.50
	基础材料化学	4.89	2.99	2.07	1.57	3.44	3.11	1.11	2.49	1.54
	材料/冶金	5.79	2.29	2.45	1.97	2.83	3.52	1.83	1.52	1.51
	表面加工技术/涂层	6.31	2.82	1.98	1.87	2.43	2.69	0.89	1.69	1.69
	微观结构和纳米技术	2.79	2.09	3.97	3.68	1.89	2.40	0.75	1.36	1.17
	化学工程	3.43	2.36	2.12	1.65	2.47	2.69	1.02	1.85	1.43
	环境技术	3.66	2.27	1.96	1.59	2.65	2.69	0.84	1.65	1.06
Ⅳ机械工程	装卸	4.81	1.87	1.61	1.58	2.56	2.08	0.88	1.65	2.24
	机床	4.72	2.06	1.87	1.70	2.78	2.39	1.18	1.64	1.78
	发动机/泵/涡轮机	10.35	3.33	1.81	2.26	4.45	5.70	1.13	3.06	2.88
	纺织和造纸器械	10.30	3.54	1.79	1.55	3.10	2.12	1.14	2.05	2.56
	其他专用机械	3.97	2.14	1.80	1.44	2.42	2.45	1.15	1.54	1.43
	热工过程和设备	6.02	1.86	1.71	1.70	2.10	2.19	0.85	1.49	1.33
	机械元件	6.38	2.23	1.67	1.76	3.74	3.54	1.05	1.83	1.41
	运输	13.07	2.60	1.93	2.63	5.21	7.22	1.20	1.86	1.29
Ⅴ其他领域	家具游戏	7.26	1.82	1.61	1.35	2.07	1.89	0.78	1.69	1.31
	其他消费品	3.21	1.68	1.53	1.51	2.61	2.30	4.18	1.54	1.52
	土木工程	2.97	2.19	1.69	1.63	2.08	1.85	1.33	1.70	1.40

数据来源：EPODOC。

表B-4　2010～2013年主要专利来源国WIPO35技术领域每授权发明专利平均发明人数

/（件/个）

WIPO35技术领域		日本	美国	中国	韩国	德国	法国	俄罗斯	英国	瑞士
Ⅰ电气工程	电机/电气装置/电能	2.70	2.59	3.33	2.53	2.39	2.29	3.10	2.11	1.88
	音像技术	2.35	2.68	2.59	2.51	2.30	2.09	2.66	2.13	2.00
	电信	2.29	2.68	3.09	2.94	2.30	2.29	3.47	2.25	2.07
	数字通信	2.44	2.81	3.24	3.12	2.30	2.08	3.11	2.32	2.12
	基础通信程序	2.14	2.44	3.30	2.98	2.04	2.43	2.95	1.98	2.50
	计算机技术	2.23	2.77	3.35	2.60	2.43	2.19	3.05	2.23	2.18
	信息技术管理办法	2.30	2.87	3.58	2.25	2.07	1.99	2.50	2.27	1.71
	半导体	2.72	3.06	3.29	2.89	2.91	2.49	3.81	2.36	2.67

续表

WIPO35技术领域		日本	美国	中国	韩国	德国	法国	俄罗斯	英国	瑞士
Ⅱ仪器	光学	2.54	2.85	3.23	2.92	2.63	2.65	3.30	2.35	2.19
	测量	2.50	2.61	4.24	2.67	2.42	2.32	3.34	2.13	1.91
	生物材料分析	3.07	3.23	4.76	3.71	2.84	3.32	4.07	2.78	3.07
	控制	2.35	2.58	3.75	2.28	2.24	2.15	3.27	2.11	1.86
Ⅲ化学	医学技术	2.50	2.82	3.28	2.27	2.32	2.22	3.61	2.22	2.33
	有机精细化学	3.26	3.48	4.31	4.48	4.08	2.70	4.29	3.41	3.33
	生物技术	3.34	3.06	4.77	4.14	3.23	3.25	4.43	3.05	3.32
	药品	4.07	3.99	3.45	4.65	4.37	3.57	4.26	3.99	3.11
	高分子化学/聚合物	2.97	3.30	4.12	3.75	3.58	2.98	4.41	3.21	2.90
	食品化学	3.07	2.60	3.53	2.77	2.33	2.41	1.79	3.02	2.78
	基础材料化学	3.08	3.24	4.11	3.14	3.63	2.82	3.89	3.15	2.70
	材料/冶金	3.19	3.02	4.30	2.95	2.92	2.96	3.35	2.60	2.36
	表面加工技术/涂层	2.99	3.01	3.69	2.73	2.89	2.64	4.04	2.29	2.24
	微观结构和纳米技术	3.29	3.22	4.37	3.67	3.21	3.19	4.19	2.46	3.00
	化学工程	2.94	2.84	4.07	2.49	2.67	2.60	3.68	2.46	1.94
	环境技术	2.96	2.71	4.17	2.41	2.45	2.42	3.41	2.26	1.48
Ⅳ机械工程	装卸	2.29	2.32	3.35	1.92	2.00	1.83	2.63	1.85	1.63
	机床	2.64	2.38	3.40	2.01	2.24	2.03	3.83	1.79	1.87
	发动机/泵/涡轮机	2.73	2.51	3.32	2.63	2.39	2.34	3.05	1.99	2.55
	纺织和造纸器械	2.33	2.87	3.34	2.29	2.37	2.22	3.74	2.18	2.14
	其他专用机械	2.61	2.47	3.74	2.11	2.33	2.16	3.41	2.04	1.91
	热工过程和设备	2.91	2.57	3.20	2.00	2.38	2.14	2.92	2.02	1.81
	机械元件	2.54	2.27	3.16	1.91	2.28	2.02	3.07	1.81	1.72
	运输	2.37	2.33	3.44	2.19	2.36	2.01	3.08	1.74	1.61
Ⅴ其他领域	家具游戏	2.18	2.11	2.12	1.52	2.14	1.72	1.77	1.89	1.29
	其他消费品	2.33	2.16	3.06	1.80	2.33	1.88	1.56	1.67	1.53
	土木工程	2.47	2.21	3.93	1.79	1.89	1.79	3.35	1.86	1.44

数据来源：EPODOC。

表B-5　2010～2013年WIPO35技术领域发明专利授权量位列前十的竞争者的国籍分布　/个

WIPO35技术领域	中国	日本	美国	韩国	德国	瑞典	百慕大	俄罗斯	澳大利亚	丹麦	瑞士	法国	比利时
电机/电气装置/电能	1	6	1	2									
音像技术	2	6		2									

续表

WIPO35技术领域	中国	日本	美国	韩国	德国	瑞典	百慕大	俄罗斯	澳大利亚	丹麦	瑞士	法国	比利时
电信	1	6	1	2									
数字通信	2	3	1	3		1							
基础通信程序		4	3	2			1						
计算机技术		5	4	1									
信息技术管理方法		1	9										
半导体	1	6	1	2									
光学		9		1									
测量	2	3	2		2							1	
生物材料分析		2	4	2				1				1	
控制	1	7	2										
医学技术		3	6		1								
有机精细化学	2	3	3		1							1	
生物技术	4		4							1	1		
药品			6			1					1	1	1
高分子化学/聚合物	1	5	2	2									
食品化学	3		3					3			1		
基础材料化学	3	3	3					1					
材料/冶金	3	4		2				1					
表面加工技术/涂层	1	6	3										
微观结构和纳米技术	3		1	5								1	
化学工程	7	1	2										
环境技术	3	4	2					1					
装卸		9			1								
机床		6	1	2	1								
发动机/泵/涡轮机		5	3		1							1	
纺织和造纸器械		7	2						1				
其他专用机械		6	3								1		
热工过程和设备		8	1	1									
机械元件		5	1	1	3								
运输		5	1	1	1						1	1	
家具游戏		8	1		1								
其他消费品	2	3	1	1	1			1				1	
土木工程		4	4	1				1					

数据来源：EPODOC。

表B-6 在6个（含）以上WIPO35技术领域中发明专利授权量位列前十的企业的领域分布 /件

WIPO35技术领域	发明专利授权量									
	佳能	富士胶片	通用电气	本田汽车	国际商业机器公司	松下	电装株式会社	三星电子	索尼	丰田汽车
电机/电气装置/电能			931	1 024		1 752	881			1 075
音像技术	2 666					2 804		1 512	4 253	
电信	1 855					1 644		1 498	1 903	
数字通信								1 255		
基础通信程序					373	566		598	428	
计算机技术	2 586				7 046			2 337	2 516	
信息技术管理办法					441					
半导体					2 411	1 175		2 043	1 333	
光学	4 354	1 322						1 322	1 421	
测量			647			535	883			
生物材料分析						81				
控制				413	311	261	512			417
医学技术		629								
有机精细化学										
生物技术										
药品										
高分子化学/聚合物		343								
食品化学										
基础材料化学		426								
材料/冶金										
表面加工技术/涂层		359				236				
微观结构和纳米技术					100			62		
化学工程			232							
环境技术			272	244						308
装卸	532									
机床			320	389						
发动机/泵/涡轮机			1 583	1 389			1 200			1 414
纺织和造纸器械	1 704	725								
其他专用机械		264								
热工过程和设备			196			528	145			
机械元件				1 110						787
运输				3 865			1 216			1 989
家具游戏										
其他消费品						463				
土木工程										

数据来源：EPODOC。

表B-7　2010～2013年WIPO35技术领域主要竞争者技术创新情况

一级技术领域	二级技术领域	竞争者	发明专利授权量/件	发明人总数/人	每授权发明专利平均发明人数/（人次/件）
电气工程	计算机技术	国际商业机器公司	7 046	10 725	3.46
电气工程	音像技术	索尼株式会社	4 037	9 568	2.37
仪器	光学	佳能株式会社	4 018	8 227	2.05
机械工程	运输	本田汽车	3 523	9 327	2.65
电气工程	数字通信	高通股份有限公司	3 221	10 158	3.15
电气工程	数字通信	华为技术有限公司	3 220	8 420	2.61
电气工程	计算机技术	微软技术有限公司	3 469	7 611	3.68
电气工程	音像技术	松下电器产业株式会社	2 655	7 846	2.96
电气工程	音像技术	佳能株式会社	2 499	3 981	1.59
仪器	光学	夏普株式会社	2 412	6 691	2.77
电气工程	半导体	国际商业机器公司	2 411	2 321	3.97
电气工程	半导体	半导体能源研究所	1 949	617	2.91
电气工程	计算机技术	谷歌	2 273	2 812	2.73
电气工程	电信	高通股份有限公司	2 011	6 096	3.03
电气工程	计算机技术	三星电子株式会社	2 337	3 781	2.94
机械工程	运输	标致雪铁龙	1 818	2 913	1.6
电气工程	电机/电气装置/电能	松下电器产业株式会社	1 752	2 496	3.32
电气工程	数字通信	中兴通讯股份有限公司	1 782	4 069	2.28
电气工程	电信	索尼株式会社	1 762	4 208	2.39
机械工程	纺织和造纸器械	爱普生株式会社	1 749	3 432	1.96

数据来源：EPODOC。

表B-8　2006～2013年中国发明在WIPO35技术领域分年度申请量　/件

	WIPO35技术领域	2006	2007	2008	2009	2010	2011	2012	2013	总计
I电气工程	电机/电气装置/电能	22 687	24 486	28 590	32 278	39 460	48 580	49 483	38 244	283 808
	音像技术	20 337	19 341	18 776	17 742	18 579	20 754	19 008	11 315	145 852
	电信	25 835	26 559	24 275	21 729	21 450	22 385	21 716	15 197	179 146
	数字通信	21 875	24 513	25 761	26 347	27 892	30 757	28 600	18 831	204 576
	基础通信程序	4 331	4 588	4 362	4 376	4 340	4 326	4 396	3 010	33 729
	计算机技术	24 119	25 437	27 733	29 192	33 134	40 470	40 275	32 339	252 699
	信息技术管理方法	3 257	3 216	3 211	3 616	4 002	5 167	5 230	5 556	33 255
	半导体	15 583	15 534	15 300	16 446	18 560	21 976	20 250	10 956	134 605

续表

	WIPO35技术领域	2006	2007	2008	2009	2010	2011	2012	2013	总计
II仪器	光学	15 271	15 336	15 568	14 386	15 128	17 378	16 784	10 262	120 113
	测量	14 400	16 767	18 816	23 011	26 297	33 527	38 430	35 894	207 142
	生物材料分析	3 163	3 339	4 181	3 311	3 693	3 832	3 464	2 664	27 647
	控制	7 972	8 942	9 957	10 947	11 142	13 267	15 043	13 526	90 796
Ⅲ化学	医学技术	9 466	10 278	10 390	11 587	13 554	15 946	14 840	11 582	97 643
	有机精细化学	8 156	8 471	10 285	11 816	13 516	15 593	15 796	12 614	96 247
	生物技术	4 548	5 340	7 105	8 184	9 754	10 628	10 960	9 724	66 243
	药品	20 384	19 901	21 246	19 789	21 025	23 627	25 985	24 163	176 120
	高分子化学/聚合物	8 792	9 280	10 330	11 626	13 907	16 972	18 404	16 830	106 141
	食品化学	7 343	8 208	9 941	10 926	13 443	16 912	20 715	24 766	112 254
	基础材料化学	13 787	14 899	16 162	18 964	21 842	25 008	27 363	25 734	163 759
	材料/冶金	10 807	12 604	14 867	17 930	20 116	24 346	26 794	25 743	153 207
	表面加工技术/涂层	10 475	12 228	12 766	13 391	14 963	17 931	16 594	11 952	110 300
	微观结构和纳米技术	1 267	1 439	1 451	2 320	2 625	3 264	2 808	2 598	17 772
	化学工程	10 589	11 692	13 203	15 646	17 004	20 300	21 245	18 958	128 637
	环境技术	5 838	6 881	8 312	9 657	12 208	14 085	15 250	14 087	86 318
IV机械工程	装卸	6 826	7 558	8 205	9 480	11 232	14 271	17 151	16 050	90 773
	机床	8 385	9 621	11 829	14 517	17 456	23 003	27 643	25 351	137 805
	发动机/泵/涡轮机	6 891	7 864	9 235	10 234	11 956	15 421	14 189	10 560	86 350
	纺织和造纸器械	8 064	8 059	8 691	9 100	10 091	13 656	14 538	12 691	84 890
	其他专用机械	11 534	12 523	14 648	16 427	19 042	24 015	28 190	26 711	153 090
	热工过程和设备	6 055	6 567	7 822	8 992	10 112	12 260	13 191	10 469	75 468
	机械元件	8 333	9 297	11 146	11 502	14 219	17 644	19 543	15 714	107 398
	运输	9 004	9 912	12 187	12 635	14 875	19 590	20 712	15 619	114 534
V其他领域	家具游戏	5 145	5 712	6 316	6 729	8 763	10 996	12 339	9 411	65 411
	其他消费品	6 568	6 730	7 258	7 851	9 166	12 012	13 896	10 137	73 618
	土木工程	7 572	8 577	9 919	11 902	15 105	19 377	22 740	21 616	116 808

数据来源：CPRS。

表B-9　2006～2013年主要国家在中国的发明PCT申请量　　/件

年份	日本	美国	韩国	德国	法国	俄罗斯	英国	瑞士	中国
2006	13 603	17 075	2 376	6 113	2 305	79	1 419	1 878	896
2007	13 632	15 957	2 494	6 068	2 284	78	1 443	1 937	917
2008	14 560	16 146	2 678	6 371	2 546	82	1 303	1 899	775
2009	16 198	17 241	2 605	6 956	2 896	82	1 367	2 046	1 173
2010	18 279	17 767	3 141	7 968	3 220	92	1 451	2 178	1 386
2011	20 953	17 920	3 295	8 466	3 145	96	1 396	2 249	2 570
2012	13 847	9 707	1 864	5 074	1 833	47	776	1 582	1 931
2013	643	55	88	19	6		1	14	583
总计	111 715	111 868	18 541	47 035	18 235	556	9 156	13 783	10 231
占比	27%	27%	5%	11%	4%	0.01%	2%	3%	2%

数据来源：CPRS。

表B-10　2006～2013年WIPO35技术领域中国发明专利申请量平均年增长率

	WIPO35技术领域	2006年申请量/件	2013年申请量/件	2006～2013年年均增长率
I电气工程	电机/电气装置/电能	22 687	24 486	8%
	音像技术	20 337	19 341	-8%
	电信	25 835	26 559	-7%
	数字通信	21 875	24 513	-2%
	基础通信程序	4 331	4 588	-5%
	计算机技术	24 119	25 437	4%
	信息技术管理方法	3 257	3 216	8%
	半导体	15 583	15 534	-5%
II仪器	光学	15 271	15 336	-6%
	测量	14 400	16 767	14%
	生物材料分析	3 163	3 339	-2%
	控制	7 972	8 942	8%
Ⅲ化学	医学技术	9 466	10 278	3%
	有机精细化学	8 156	8 471	6%
	生物技术	4 548	5 340	11%
	药品	20 384	19 901	2%
	高分子化学/聚合物	8 792	9 280	10%

续表

	WIPO35技术领域	2006年申请量/件	2013年申请量/件	2006～2013年年均增长率
Ⅲ化学	食品化学	7 343	8 208	19%
	基础材料化学	13 787	14 899	9%
	材料/冶金	10 807	12 604	13%
	表面加工技术/涂层	10 475	12 228	2%
	微观结构和纳米技术	1 267	1 439	11%
	化学工程	10 589	11 692	9%
	环境技术	5 838	6 881	13%
Ⅳ机械工程	装卸	6 826	7 558	13%
	机床	8 385	9 621	17%
	发动机/泵/涡轮机	6 891	7 864	6%
	纺织和造纸器械	8 064	8 059	7%
	其他专用机械	11 534	12 523	13%
	热工过程和设备	6 055	6 567	8%
	机械元件	8 333	9 297	9%
	运输	9 004	9 912	8%
Ⅴ其他领域	家具游戏	5 145	5 712	9%
	其他消费品	6 568	6 730	6%
	土木工程	7 572	8 577	16%

数据来源：CPRS。

表B-11　2006～2013年主要国家在中国国内各年度发明授权量　/件

年份	日本	美国	韩国	德国	法国	俄罗斯	英国	瑞士	中国
2006	24 816	14 354	4 216	6 345	2 632	70	1 275	1 984	25 631
2007	25 962	15 935	4 784	6 840	2 780	67	1 390	2 004	30 727
2008	30 917	17 036	6 101	7 465	2 834	68	1 412	2 054	45 493
2009	38 485	19 757	8 144	8 943	3 755	92	1 374	2 360	66 065
2010	31 524	16 038	6 411	7 266	3 081	58	1 091	2 013	75 258
2011	28 230	12 563	5 049	5 755	2 192	58	890	1 621	107 570
2012	30 029	16 665	5 427	7 088	2 614	61	1 216	1 887	144 409
2013	24 247	17 858	4 632	7 107	2 735	46	1 137	1 900	150 408
总计	234 210	130 206	44 764	56 809	22 623	520	9 785	15 823	645 561

数据来源：CPRS。

表B-12　2006～2013主要国家在中国WIPO35技术领域的发明专利授权量　/件

	WIPO35技术领域	日本	美国	韩国	德国	法国	英国	俄罗斯	瑞士	中国
I 电气工程	电机/电气装置/电能	34 575	10 921	7 849	5 594	2 003	791	26	1 086	50 050
	音像技术	37 240	7 562	9 696	1 746	1 821	444	4	349	25 337
	电信	23 300	12 326	7 045	2 147	2 820	541	18	314	44 542
	数字通信	10 912	11 778	4 313	1 712	1 965	364	18	193	56 538
	基础通信程序	6 506	3 609	1 616	864	579	157	2	105	7 268
	计算机技术	27 712	18 840	6 347	2 754	2 051	685	23	568	48 429
	信息技术管理方法	2 128	2 000	302	161	117	40	1	66	1 843
	半导体	28 551	10 249	7 223	2 353	641	361	3	336	24 942
II 仪器	光学	32 943	5 650	7 028	1 481	730	328	9	431	22 305
	测量	13 587	7 904	1 902	3 493	1 113	749	28	1 420	50 885
	生物材料分析	1 618	1 872	185	384	178	238	2	371	5 468
	控制	8 575	4 738	1 182	1 798	640	269	24	419	16 538
Ⅲ 化学	医学技术	7 334	7 875	640	2 171	668	695	21	1 319	15 720
	有机精细化学	5 176	4 367	901	2 891	974	506	15	897	24 766
	生物技术	1 693	1 497	350	445	164	166	1	247	22 402
	药品	3 797	6 245	757	1 760	1 029	841	36	1 976	55 347
	高分子化学/聚合物	10 732	6 292	1 312	3 312	826	372	10	762	25 115
	食品化学	1 746	1 369	346	429	215	108	5	518	30 595
	基础材料化学	10 339	7 846	1 363	3 527	888	687	28	1 232	39 428
	材料/冶金	9 489	3 765	1 028	2 101	1 027	328	32	298	48 065
	表面加工技术/涂层	16 180	7 703	2 020	2 952	1 137	456	20	729	18 518
	微观结构和纳米技术	1 079	1 137	310	249	109	57	2	71	4 290
	化学工程	8 649	7 238	1 708	3 751	1 327	756	38	830	31 049
	环境技术	4 399	2 930	667	1 193	428	312	13	191	23 413

续表

	WIPO35技术领域	日本	美国	韩国	德国	法国	英国	俄罗斯	瑞士	中国
IV 机械 工程	装卸	9 516	4 113	967	2 660	960	442	16	1 397	12 944
	机床	9 463	4 432	926	3 328	755	283	20	601	26 371
	发动机/泵/涡轮机	9 415	4 999	1 059	3 339	998	359	41	384	11 466
	纺织和造纸器械	12 879	3 959	971	2 984	573	364	3	993	15 773
	其他专用机械	11 849	6 334	1 380	3 272	1 245	412	21	942	31 656
	热工过程和设备	5 134	2 364	1 968	1 286	458	181	12	267	16 042
	机械元件	10 439	5 466	1 158	4 524	1 103	477	17	610	15 998
	运输	15 039	4 807	1 391	4 459	1 941	390	24	286	14 129
V 其他 领域	家具游戏	3 811	2 719	1 191	1 310	488	401	10	361	8 388
	其他消费品	6 375	3 273	1 955	1 890	700	405	12	510	10 635
	土木工程	3 489	2 672	840	1 763	611	289	22	288	26 852

数据来源：CPRS。

表B-13 2010～2013年主要国家在中国国内各年度每授权发明专利平均发明人数及每申请人平均专利授权量

国别	2010年		2011年		2012年		2013年	
	每授权发明专利平均发明人数/（人次/件）	每申请人平均专利授权量/（件/个）	每授权发明专利平均发明人数/（人次/件）	每申请人平均专利授权量/（件/个）	每授权发明专利平均发明人数/（人次/件）	每申请人平均专利授权量/（件/个）	每授权发明专利平均发明人数/（人次/件）	每申请人平均专利授权量/（件/个）
俄罗斯	2.32	0.60	3.68	0.71	2.00	1.01	1.39	1.56
法国	3.66	1.82	2.12	1.98	1.83	2.54	1.45	3.11
韩国	7.26	4.38	2.16	3.73	1.74	4.52	1.43	5.16
德国	4.06	1.82	2.37	2.42	1.98	3.12	1.56	3.93
美国	4.38	1.82	2.62	2.49	2.22	3.19	1.67	4.10
日本	6.44	3.63	1.93	4.83	1.50	6.45	1.22	7.30
瑞士	4.49	1.93	2.48	2.19	1.93	2.76	1.56	3.64
英国	2.69	1.21	2.19	1.38	1.83	1.73	1.43	2.29
中国	3.90	2.23	1.79	2.79	1.36	3.76	1.23	4.08

数据来源：CPRS。

表B-14 2010～2013年发明专利授权量较高省市在十强WIPO35技术领域的技术创新情况

WIPO35		2010年				2011年				2012年				2013年			
授权十强领域	省区市	授权量/件	发明人数/个	每授权发明专利平均发明人数/（人次/件）	每申请人平均授权量/（件/人）	授权量/件	发明人数/个	每授权发明专利平均发明人数/（人次/件）	每申请人平均授权量/（件/人）	授权量/件	发明人数/个	每授权发明专利平均发明人数/（人次/件）	每申请人平均授权量/（件/人）	授权量/件	发明人数/个	每授权发明专利平均发明人数/（人次/件）	每申请人平均授权量/（件/人）
电机/电气装置/电能	北京	413	1 204	2.92	2.79	1 330	4 255	3.20	3.59	2 058	4 827	2.35	4.26	923	2 900	3.14	2.43
	广东	678	1 061	1.56	3.07	1 899	3 910	2.06	2.69	3 688	5 770	1.56	3.91	1 941	3 291	1.70	2.76
	江苏	531	856	1.61	3.03	1 584	3 379	2.13	2.75	2 805	5 332	1.90	3.40	1 301	3 045	2.34	2.13
	山东	101	235	2.33	1.98	413	1 078	2.61	2.39	548	1 234	2.25	2.32	273	796	2.92	1.61
	上海	366	623	1.70	2.56	854	2 056	2.41	2.63	1 513	2 982	1.97	3.08	720	1 592	2.21	2.02
	台湾	533	852	1.60	3.58	946	1 932	2.04	3.15	1 344	2 130	1.58	4.15	602	1 117	1.86	2.30
	浙江	301	432	1.44	2.95	1 074	2 095	1.95	2.06	1 848	3 194	1.73	2.93	762	1 578	2.07	1.78
音像技术	北京	203	357	1.76	2.78	512	1 168	2.28	3.07	657	1 264	1.92	3.80	328	535	1.63	2.58
	广东	700	1 101	1.57	6.48	1 571	2 999	1.91	5.05	2 256	3 514	1.56	6.15	931	1 281	1.38	3.33
	江苏	107	179	1.67	2.28	288	582	2.02	2.20	623	1 010	1.62	3.21	187	369	1.97	1.63
	山东	32	46	1.44	3.56	111	284	2.56	3.08	184	316	1.72	3.91	51	90	1.76	2.22
	上海	133	207	1.56	3.02	210	452	2.15	1.76	305	508	1.67	2.29	113	235	2.08	1.55
	台湾	832	1 074	1.29	5.99	1 294	2 566	1.98	6.25	1 686	2 666	1.58	8.18	500	863	1.73	3.33
	浙江	48	83	1.73	2.82	175	338	1.93	2.46	248	496	2.00	2.85	64	128	2.00	1.83
电信	北京	720	1 742	2.42	4.65	1 138	3 640	3.20	3.82	1 773	4 323	2.44	5.09	804	1 812	2.25	3.36
	广东	1 747	2 988	1.71	18.78	2 772	5 862	2.11	11.50	3 489	6 359	1.82	11.44	1 657	2 135	1.29	6.42
	江苏	133	336	2.53	2.51	325	860	2.65	2.50	589	1 362	2.31	3.42	325	680	2.09	2.21
	山东	48	127	2.65	1.71	142	357	2.51	2.78	193	394	2.04	3.22	77	129	1.68	1.79
	上海	282	613	2.17	3.97	449	1190	2.65	2.97	663	1 473	2.22	3.49	299	488	1.63	2.39

续表

WIPO35		2010年				2011年				2012年				2013年			
授权十强领域	省区市	授权量/件	发明人数/个	每授权发明专利平均发明人数/（人次/件）	每申请人平均授权量/（件/人）	授权量/件	发明人数/个	每授权发明专利平均发明人数/（人次/件）	每申请人平均授权量/（件/人）	授权量/件	发明人数/个	每授权发明专利平均发明人数/（人次/件）	每申请人平均授权量/（件/人）	授权量/件	发明人数/个	每授权发明专利平均发明人数/（人次/件）	每申请人平均授权量/（件/人）
电信	台湾	256	373	1.46	4.41	465	909	1.95	4.15	685	1 192	1.74	5.04	315	446	1.42	3.18
	浙江	107	163	1.52	3.45	331	795	2.40	4.41	499	1 165	2.33	4.80	194	375	1.93	2.94
数字通信	北京	1 057	1 626	1.54	6.41	2 365	4 128	1.75	5.85	4 349	10 286	2.37	8.88	1 944	4 258	2.19	5.87
	广东	3 321	3 060	0.92	33.55	5 532	6 249	1.13	21.95	7 098	13 418	1.89	23.43	2 611	3 425	1.31	11.06
	江苏	166	274	1.65	3.69	326	805	2.47	2.61	657	1 558	2.37	4.16	345	909	2.63	2.54
	山东	45	93	2.07	2.37	108	234	2.17	2.25	217	403	1.86	4.09	81	185	2.28	3.00
	上海	320	467	1.46	4.16	573	1 066	1.86	3.70	991	2 068	2.09	5.08	447	715	1.60	3.73
	台湾	151	250	1.66	3.21	275	485	1.76	3.62	503	873	1.74	6.29	215	203	0.94	3.84
	浙江	286	237	0.83	11.92	631	850	1.35	10.52	914	1 744	1.91	8.70	284	477	1.68	4.66
计算机技术	北京	749	131	1.51	3.71	2 265	455	2.18	4.79	4 042	464	1.57	6.45	1 701	400	2.74	3.81
	广东	959	217	1.64	6.44	1 962	411	1.77	5.65	3 328	529	1.42	6.92	1 400	417	2.12	3.92
	江苏	180	62	1.55	3.05	551	157	2.28	3.28	1 089	343	1.67	4.00	512	242	2.78	2.80
	山东	33	60	1.82	1.94	146	341	2.34	2.98	343	777	2.27	4.18	175	435	2.49	2.92
	上海	320	97	1.62	3.72	693	296	2.04	2.76	1 167	346	1.40	4.12	497	236	2.65	2.51
	台湾	716	221	1.17	5.82	1 275	470	1.46	5.88	1 889	474	1.14	8.36	846	242	1.89	4.73
	浙江	143	38	1.81	4.09	470	127	2.12	5.05	811	155	1.58	5.55	259	87	2.72	2.88
半导体	北京	191	1 768	2.36	3.75	722	6 032	2.66	7.37	1 018	8 705	2.15	11.70	463	4 108	2.42	6.09
	广东	219	1 474	1.54	3.37	511	4 097	2.09	3.76	818	5 247	1.58	5.05	389	2 235	1.60	2.95
	江苏	130	324	1.80	2.45	416	1 489	2.70	2.83	769	2 480	2.28	3.64	385	1 269	2.48	2.38

续表

WIPO35		2010年				2011年				2012年				2013年			
授权十强领域	省区市	授权量/件	发明人数/个	每授权发明专利平均发明人数/（人次/件）	每申请人平均授权量/（件/人）	授权量/件	发明人数/个	每授权发明专利平均发明人数/（人次/件）	每申请人平均授权量/（件/人）	授权量/件	发明人数/个	每授权发明专利平均发明人数/（人次/件）	每申请人平均授权量/（件/人）	授权量/件	发明人数/个	每授权发明专利平均发明人数/（人次/件）	每申请人平均授权量/（件/人）
半导体	山东	14	41	2.93	2.00	44	105	2.39	3.14	92	228	2.48	2.79	53	152	2.87	1.89
	上海	311	527	1.65	5.18	888	1 774	2.56	8.97	1 773	2 306	1.98	15.03	866	1 039	2.09	8.84
	台湾	686	910	1.27	7.80	1 144	2 562	2.01	6.12	1 828	3 006	1.59	8.70	680	1 503	1.78	4.22
	浙江	41	227	1.59	2.05	188	1 239	2.64	2.85	281	1 939	2.39	3.19	126	642	2.48	1.75
光学	北京	179	69	1.97	4.26	740	275	2.67	6.85	870	338	2.32	6.90	464	153	3.73	4.78
	广东	432	44	1.52	6.55	946	120	2.07	4.71	1 224	126	1.85	5.75	617	64	3.05	4.20
	江苏	125	5	1.00	2.66	430	57	5.18	3.21	629	98	3.27	3.74	287	51	2.83	2.61
	山东	17	59	3.47	4.25	60	134	2.23	2.07	98	261	2.66	3.16	61	130	2.13	2.10
	上海	279	48	3.69	5.81	468	101	3.16	4.98	707	59	2.57	6.37	318	52	4.00	4.24
	台湾	611	15	1.88	9.40	994	31	3.10	8.35	1 044	17	1.70	7.73	333	16	3.20	3.40
	浙江	58	11	2.75	2.52	248	33	4.13	3.31	260	36	2.57	3.21	132	10	3.33	2.36
测量	北京	727	480	2.51	3.43	2 674	1 849	2.56	4.70	3 758	2 303	2.26	5.45	2092	1 355	2.93	3.45
	广东	518	465	2.12	3.18	1 226	1 130	2.21	2.78	1 714	1 511	1.85	3.46	813	820	2.11	2.03
	江苏	411	245	1.88	2.60	1 339	842	2.02	2.77	1 988	1 488	1.93	3.37	1275	982	2.55	2.53
	山东	113	336	2.97	1.53	470	1 447	3.08	2.18	697	2 048	2.94	2.94	477	1 752	3.67	2.26
	上海	487	629	2.02	3.58	1 236	1 886	2.12	3.56	1 814	2 889	1.63	4.29	874	2 068	2.39	2.51
	台湾	235	975	1.42	3.01	449	2 704	2.36	2.79	548	3 219	1.76	3.68	241	1 623	2.39	1.90
	浙江	212	92	2.24	2.55	996	404	2.15	3.40	1 403	695	2.47	3.76	737	279	2.21	2.67

续表

WIPO35		2010年				2011年				2012年				2013年			
授权十强领域	省区市	授权量/件	发明人数/个	每授权发明专利平均发明人数/（人次/件）	每申请人平均授权量/（件/人）	授权量/件	发明人数/个	每授权发明专利平均发明人数/（人次/件）	每申请人平均授权量/（件/人）	授权量/件	发明人数/个	每授权发明专利平均发明人数/（人次/件）	每申请人平均授权量/（件/人）	授权量/件	发明人数/个	每授权发明专利平均发明人数/（人次/件）	每申请人平均授权量/（件/人）
药品	北京	441	419	2.34	2.23	1 548	1 884	2.55	3.45	1 730	2 130	2.45	3.49	855	1281	2.76	2.94
	广东	298	555	1.28	1.95	843	1 623	1.72	2.25	1 301	1 751	1.43	2.89	893	1129	1.83	3.06
	江苏	277	247	1.98	2.98	753	839	1.95	2.39	1 219	1 117	1.78	3.17	989	648	2.26	3.47
	山东	384	563	1.47	2.74	1 831	3 638	1.99	1.96	1 908	3 949	2.07	2.17	2 895	4 260	1.47	2.41
	上海	321	460	1.65	2.26	808	1 078	2.30	3.23	1 162	1 230	1.74	3.93	624	785	2.47	3.41
	台湾	26	974	1.59	1.30	30	2 212	2.23	1.07	103	1 950	1.87	2.15	67	640	1.92	1.49
	浙江	267	108	1.86	2.87	860	558	2.25	3.25	837	520	2.00	2.87	561	275	2.08	3.05
基础材料化学	北京	350	2217	3.05	3.15	834	8 639	3.23	3.01	1 889	10 001	2.66	4.34	1 820	6 916	3.31	4.96
	广东	219	977	1.89	2.17	670	2 771	2.26	2.20	1 474	3 218	1.88	3.00	1 188	1 689	2.08	3.05
	江苏	249	827	2.01	3.28	633	3 263	2.44	2.13	1 217	4 474	2.25	2.84	1386	3 605	2.83	3.18
	山东	121	299	2.47	2.52	426	1 292	3.03	1.96	821	2 017	2.46	2.52	860	2 188	2.54	2.88
	上海	197	1126	2.31	2.19	481	3 336	2.70	2.28	883	4 213	2.32	2.93	715	2 570	2.94	2.84
	台湾	34	398	1.69	1.89	54	960	2.14	1.46	88	837	1.53	1.91	71	436	1.81	1.78
	浙江	102	460	2.17	2.49	387	2 339	2.35	1.94	718	3 206	2.29	2.43	642	2 043	2.77	2.93

数据来源：CPRS。

表B-15　2010～2013年主要竞争者（发明专利授权量前十名）在WIPO35技术领域中的授权发明专利分布

/件

WIPO35技术领域	华为技术有限公司	中兴通讯股份有限公司	松下电器产业株式会社	浙江大学	三星电子株式会社	清华大学	索尼株式会社	鸿海精密工业股份有限公司	鸿富锦精密工业（深圳）有限公司	中国石油化工股份有限公司
电机/电气装置/电能	136	82	1 290	378	250	565	396	975	727	53
音像技术	199	144	1 535	81	1288	157	1 985	745	773	1
电信	2 887	3 390	847	232	1 152	318	773	334	268	2
数字通信	8 027	6 996	576	230	979	464	404	184	164	3
基础通信程序	207	126	280	62	194	115	142	77	79	0
计算机技术	809	840	734	552	881	604	920	896	920	6
信息技术管理方法	27	19	22	5	5	9	25	7	7	1
半导体	12	3	513	128	590	273	400	112	164	0
光学	66	24	338	183	965	169	534	732	724	0
测量	66	100	312	825	139	678	117	396	407	134
生物材料分析	1	0	32	83	9	35	16	1	2	9
控制	30	75	104	178	40	106	56	117	128	16
医学技术	2	2	170	159	11	124	25	8	12	2
有机精细化学	0	0	3	367	8	118	9	0	1	1025
生物技术	0	0	13	433	23	185	20	0	1	46
药品	0	0	2	335	0	57	0	0	0	0
高分子化学/聚合物	0	0	21	237	12	75	16	2	16	544
食品化学	0	0	3	238	0	25	0	0	0	4
基础材料化学	0	0	32	219	22	111	19	9	30	1228
材料/冶金	4	5	117	410	18	413	37	28	159	341
表面加工技术/涂层	3	3	61	155	30	139	34	147	197	81
微观结构和纳米技术	0	0	15	76	7	144	19	5	115	4
化学工程	2	1	79	446	13	274	5	49	51	1422
环境技术	2	1	35	291	6	252	1	6	5	288
装卸	5	1	44	55	31	84	12	88	82	31
机床	16	13	438	206	148	184	363	263	260	24
发动机/泵/涡轮机	2	7	91	99	64	143	8	23	23	8
纺织和造纸器械	4	1	103	169	88	193	99	79	168	40
其他专用机械	4	5	81	264	26	118	27	219	224	64
热工过程和设备	12	3	218	175	86	126	5	19	19	70
机械元件	240	248	137	284	151	255	218	293	281	34
运输	9	2	61	76	0	114	14	14	14	11
家具游戏	2	1	135	22	26	14	16	47	46	0
其他消费品	3	2	267	17	77	20	61	44	44	30
土木工程	3	1	30	91	2	72	0	16	11	60

数据来源：CPRS。

后　记

本书根据国家知识产权局“基于专利信息全球技术创新活动研究”课题研究报告编撰而成，“基于专利信息全球技术创新活动研究”是首次尝试以专利信息大数据分析方法来研究分析当今技术创新活动的规律，研究中内容难免有疏漏和不足之处，恳请广大读者批评指正。

课题组还将继续做滚动持续研究，因此，真诚希望得到相关专业人员、读者反馈宝贵意见和建议，课题组将以严谨治学态度，进一步完善后续研究，以期为读者提供更具参考价值的后续研究报告。如有反馈，请联系课题组负责人彭茂祥博士（pengmaoxiang@126.com）。

课题组人员信息：

课题负责人：彭茂祥、冀小强

组长：李隽春　　成员：李蓉、杨景蓝、董伟燕、史光伟、程丽芳